ÉTUDES

SUR

LA MOULE COMMUNE

(MYTILUS EDULIS)

PUBLICATIONS DU MÊME AUTEUR.

1º **Recherches physiologiques sur l'appareil lacrymal.** 1860. Brochure in-8º de 30 pages.

2º **Quelques considérations sur les luxations du fémur, en bas et en arrière de la cavité cotyloïde.** 1860. Brochure in-8º de 18 pages.

3º **Étude anatomique, physiologique et clinique sur l'auscultation du poumon chez les enfants** (Thèse inaugurale, in-8º 220 pages, avec 1 planche). 1863.

4º **Recherches anatomiques et physiologiques sur les appareils musculaires correspondant à la vessie et à la prostate dans les deux sexes.** Brochure in-8º de 42 pages, avec 4 planches. 1864.

5º **Réflexions sur un cas rare de transposition générale des viscères avec conservation de la direction normale du cœur.** Brochure in-8º avec 1 planche. 1865.

6º **Notes sur les organes érectiles utéro-ovariens d'une femelle de Magot** (*Pitecus innus*), en collaboration avec M. le Professeur ROUGET, avec 1 planche. (*Annales des sciences naturelles.*)

7º **De l'absorption.** Thèse d'agrégation. 1866.

8º **Études sur le cœur et la circulation centrale dans la série des vertébrés.** (*Anatomie et Physiologie comparées; Philosophie naturelle*). Ouvrage couronné par l'Institut de France (Prix de Physiologie expérimentale). In-4º de 464 pages, avec 16 planches. 1873.

ÉTUDES

SUR

LA MOULE COMMUNE

(MYTILUS EDULIS)

PREMIÈRE PARTIE.

PAR

ARMAND SABATIER

Professeur de Zoologie et d'Anatomie comparée à la Faculté des Sciences de Montpellier ;
Professeur-Agrégé à la Faculté de Médecine.

MONTPELLIER

C. COULET, ÉDITEUR

LIBRAIRE DE LA FACULTÉ DE MÉDECINE, DE L'ÉCOLE D'AGRICULTURE ET DE L'ACADÉMIE
DES SCIENCES ET LETTRES, GRAND'RUE, 5.

PARIS

V.-A. DELAHAYE, LIBRAIRE-ÉDITEUR

Place de l'École-de-Médecine

1877

(Extrait des Mémoires de l'Académie des Sciences et Lettres de Montpellier.)
Section des Sciences.

Montpellier. — Typogr. Boehm et Fils.

ANATOMIE

DE LA

MOULE COMMUNE.

I.

La Moule commune (*Mytilus edulis*) est un des mollusques lamellibranches les plus communs sur nos côtes. On le trouve très-abondamment sur les marchés, où il constitue, pendant une bonne partie de l'année, une ressource alimentaire assez importante. On en apporte à Montpellier de divers points du littoral ; et cette circonstance qui permet de renouveler fréquemment les sujets pour l'étude, en même temps que les dimensions relativement considérables qu'atteignent certains individus, m'ont engagé à faire de la Moule une étude un peu détaillée et en quelque sorte une monographie. J'ai pensé qu'un pareil travail présenterait un double avantage : celui d'une connaissance plus approfondie d'un être organisé, et celui de fournir aux naturalistes inexpérimentés les éléments de l'étude d'un mollusque qu'il est très-facile de se procurer et qui peut devenir le point de départ d'études ultérieures sur les autres mollusques lamellibranches.

Le désir que j'ai eu d'être utile aux jeunes naturalistes qui débutent et qui ne sont point familiarisés avec les procédés des recherches zoologiques, m'engage à entrer dans quelques détails à cet égard, et à indiquer avec soin la marche que j'ai suivie dans la poursuite des résultats. J'insisterai spécialement sur les divers modes d'injection, sur les points d'attaque du système vasculaire, c'est-à-dire sur les lieux où il convient d'appliquer les canules à injection quand on veut obtenir tel ou tel résultat.

Je suivrai un ordre méthodique, et, après avoir décrit la forme et les organes extérieurement visibles de l'animal, je passerai à l'étude de l'appareil musculaire, du tube digestif, des appareils circulatoires et respiratoires et de l'appareil excréteur qui leur est intimement lié ; enfin je terminerai par l'étude de l'appareil reproducteur et du système nerveux. Je n'insisterai pas également sur ces divers sujets, mais je m'attacherai surtout à ceux qui présentent chez la Moule les particularités les plus remarquables et qui demandent un examen plus approfondi.

II.

FORME GÉNÉRALE ET DISPOSITION EXTÉRIEURE DES ORGANES.

La Moule commune est un mollusque lamellibranche dont la coquille est équivalve, cunéiforme, arrondie en arrière, à crochets antérieurs et pointus, couverte à l'extérieur d'un épiderme noir bleuâtre, violacé, assez transparent, nacrée à l'intérieur ; les dents cardinales sont très-petites.

Le ligament est linéaire, sub-marginal, très-long (Pl. XXIII, *fig.* 1, 5). A la face interne, la coquille présente une impression palléale simple. Les impressions musculaires sont au nombre de cinq :

1° Une impression arrondie et souvent légèrement bilobée, relativement grande, obscure, placée à l'extrémité postérieure du bord supérieur : c'est l'insertion du muscle adducteur postérieur ; 2° une impression très-petite, mais très-marquée, située près du sommet et à l'extrémité antérieure du bord inférieur : elle appartient au muscle adducteur antérieur (Pl. XXIII, *fig.* 6, 11) ; 3° une impression placée en avant de celle de l'adducteur postérieur, et composée d'une série horizontale d'impressions elliptiques correspondant à l'insertion des faisceaux des muscles dits du byssus, et des muscles rétracteurs postérieurs du pied ; 4° une impression petite, linéaire, placée sous l'extrémité antérieure de la charnière, et à laquelle vient s'insérer le muscle rétracteur antérieur du pied ; 5° en arrière et au-dessous du muscle adducteur postérieur, une petite empreinte triangulaire, rudiment de sinus palléal, pour l'insertion des muscles de la membrane anale.

Le manteau tapisse la face interne des valves et a un bord légèrement saillant. Très-mince et passablement transparent en dehors de la saison de la reproduction, le manteau acquiert pendant cette saison une épaisseur notable et une opacité complète.

Les muscles marginaux du manteau, formés de faisceaux délicats, généralement perpendiculaires au bord et anastomosés entre eux, occupent tout le bord libre du manteau, son bord postérieur arrondi et le bord supérieur, jusqu'à l'angle supérieur obtus de la valve. Leur insertion laisse sur les valves une impression obscure, mais pourtant visible, formant une bande marginale, et dont le bord interne est par places finement frangé.

Les bords du manteau sont libres, sauf en arrière, où ils sont réunis par une membrane contractile recouverte d'un épithélium très-pigmenté : c'est la *membrane anale* (Pl. XXIII, *fig*. 1, 3 ; *fig*. 6, 12, 13 ; Pl. XXV, *fig*. 3, 5, 5') qui sépare ainsi de l'ouverture générale du manteau une ouverture supérieure et postérieure, en forme d'entonnoir, qui correspond au siphon anal (Pl. XXIII, *fig*. 1, 4 ; *fig*. 6, 14).

Le bord libre du manteau est dédoublé en deux lèvres (Pl. XXIII, *fig*. 1 et 6), dont l'une, interne et saillante, est lisse et tranchante dans les régions antérieure et anale, et au contraire recouverte de papilles disposées par groupes ou festons dans les régions postérieure et inférieure. Le bord lisse et externe est recouvert par un prolongement interne de l'épiderme corné de la coquille. Ce prolongement se replie intérieurement sur le bord du manteau et forme une sorte d'ourlet qui adhère au manteau, le fixe à la coquille et recouvre un grand sinus sanguin qui parcourt tout le bord libre du manteau, et sur lequel je reviendrai (Pl. XXIII, *fig*. 6, 1).

En relevant le manteau, on aperçoit les branchies, qui comprennent deux feuillets de chaque côté, un externe et un interne. Chacun des feuillets est composé de deux lames unies par leur bord inférieur. La lame intérieure est fixée au corps de l'animal par son bord supérieur, dans l'étendue de ses quatre cinquièmes antérieurs. Le cinquième postérieur est libre et occupé par un vaisseau qui se rétrécit d'avant en arrière, le vaisseau afférent de la branchie (Pl. XXV, *fig*. 3). Ce vaisseau est commun aux feuillets d'un même côté, d'où il résulte que les deux feuillets sont fixés l'un à l'autre dans toute la longueur du bord supérieur de leurs lames intérieures. La Pl. XXIV, *fig*. 3, montre en arrière du muscle adducteur postérieur le vaisseau afférent commun aux deux feuillets et les vaisseaux efférents libres des lames interne et externe du même côté. La lame externe a un bord supérieur libre, et occupé dans toute son étendue par le vaisseau efférent de la branchie (Pl. XXIV, *fig*. 3, 11; *fig*, 6, 13). En arrière, les extrémités fermées et effilées des deux vaisseaux afférent et efférent se réunissent pour adhérer ensemble à la face inférieure de la membrane anale (Pl. XXV, *fig*. 3).

Les lames branchiales présentent un aspect strié, très-délicat, dû à ce qu'elles sont constituées par des filets très-déliés ; larges dans presque toute leur étendue, elles se rétrécissent en avant et en arrière pour se terminer par un angle aigu (Pl. XXIV, *fig*. 5 ; Pl. XXV, *fig*. 5). L'angle aigu antérieur passe entre les deux tentacules buccaux d'un même côté (Pl. XXIII, *fig*. 8), et à ce niveau les vaisseaux afférents et efférents de la branchie adhèrent au corps de l'animal.

Dans l'angle de séparation du manteau et de la branchie on aperçoit une série de lamelles transversales qui vont du manteau au vaisseau afférent de la branchie, et dont les dimensions augmentent d'avant en arrière (Pl. XXIII, *fig*. 5, 3, 4 ; Pl. XXIV, *fig*. 2, 8, 8). Je reviendrai longuement sur la nature et les fonctions de ces organes.

En soulevant les deux branchies d'un même côté, on aperçoit le corps de l'animal (Pl. XXIII, *fig*. 6). Ce corps se compose de plusieurs parties dont la position peut être déterminée par rapport au pied. Le pied est rudimentaire, peu développé et a une forme très-comparable à celle d'une langue de mammifère. Il est mobile, rétractile et susceptible de prendre des dimensions et des formes assez variées, comme l'organe buccal, auquel je le compare. Ce n'est pas un organe de locomotion, puisque l'animal est fixé par son byssus et n'est point appelé à changer de place ; c'est plutôt un organe destiné à saisir des matières alimentaires, mais surtout, je le crois, à introduire, à un moment donné, dans le système vasculaire, une certaine quantité d'eau.

En avant du pied, sur la description duquel je reviendrai à propos de la circulation, se trouve une masse plus ou moins volumineuse ayant une forme conique à sommet antérieur, et composée surtout par le foie, par la partie antérieure du tube digestif et par les muscles *rétracteurs* antérieurs du pied. A l'extrémité antérieure de cette masse se trouve la bouche, en forme de fente transversale courbe à concavité supérieure (Pl. XXIII, *fig.* 8, 5), limitée par deux lèvres minces, l'une supérieure et l'autre inférieure. Aux angles externes de la lèvre supérieure font suite les tentacules ou palpes labiaux externes, et aux angles externes de la lèvre inférieure font suite les deux tentacules labiaux internes. Ces tentacules sont longs et pointus; ils ont une forme triangulaire (Pl. XXIII, *fig.* 6, 8, 1); leur extrémité forme un angle aigu, leur bord adhérent est relativement court, leur direction est en bas et en arrière. Les tentacules d'un même côté sont appliqués immédiatement l'un à l'autre par une de leurs faces, et ne sont séparés qu'au voisinage de leur base ou bord adhérent par l'angle antérieur de la branchie.

La face extérieure ou libre des palpes est lisse, mais la face par où les palpes d'un même côté se correspondent et s'appliquent l'un à l'autre a une disposition spéciale. Elle se divise en deux bandes longitudinales séparées par une ligne qui va du milieu de la base au sommet (Pl. XXIII, *fig.* 8). La bande postérieure est lisse, unie, et présente un bourrelet saillant qui forme une gouttière en recouvrant le bord voisin de la bande anté- rieure (Pl. XXIII, *fig.* 10). Cette dernière est composée de bourrelets ou saillies très-fins, perpendiculaires à l'axe du palpe, qui se recouvrent successivement de la pointe à la base et présentent ainsi une imbrication très-régulière (Pl. XXIII, *fig.* 10, 2). Chacune de ces petites saillies n'est que la miniature de la bande lisse et saillante du palpe. Elle a comme elle une face inclinée et un bourrelet saillant, limitant une petite gouttière ouverte vers la base du palpe ; toutes ces parties sont tapissées d'un épi- thélium à cils vibratiles très-actifs. On comprend que cette disposition est émi- nemment propre à diriger vers l'ouverture buccale les matières alimentaires, le plus souvent vivantes, qui sont saisies entre les palpes.

Les matières alimentaires, composées pour la plupart de diatomées, de petits entomostracés, d'infusoires, de larves d'animaux inférieurs, etc., sont très-souvent amenées aux palpes par le pied, dont les cils vibratiles saisissent ces petits objets. Le pied peut être rétracté, ramassé vers la bouche, au voisinage des palpes, qui s'emparent des objets que l'animal doit avaler; mais la grande voie suivie par les particules alimentaires se trouve surtout sur le bord inférieur de la branchie, qui présente une gouttière garnie de longs cils vibratiles, sur laquelle je reviendrai. Or, nous savons que ce bord de la branchie vient précisément se rendre entre les deux palpes, qui reçoivent de lui les aliments et les transmettent à la bouche.

Ces matières parviennent aux palpes par leur bord postérieur, puisque la bouche, la base des palpes et leur bord antérieur sont recouverts par un capuchon formé à ce niveau par le manteau (Pl. XXIII, *fig.* 1), capuchon qui est représenté déchiré Pl. XXIII, *fig.* 8, 4 et retiré en avant, *fig.* 6. Les aliments saisis par la bande lisse des palpes sont amenés par les contractions des palpes et par les cils vibratiles vers le bourrelet saillant, qu'ils franchissent pour tomber dans la bande striée. Une fois là, les matières alimentaires, le plus souvent vivantes, ne peuvent plus reculer et sont obligées de progresser vers la bouche. Le bourrelet longitudinal les arrête d'un côté, et la gouttière qu'il limite les conduit précisément à l'angle de l'orifice buccal. D'autre part, les petits bourrelets transversaux leur permettent de progresser vers la bouche, à cause de l'obliquité en pente douce de leur face postérieure, mais les empêchent de rétrograder à cause de la saillie et de la gouttière antérieure. Il résulte de là que les contractions vermiculaires des palpes, les vibrations des cils et les mouvements des proies vivantes, poussent nécessairement les aliments vers la bouche.

En arrière du pied, et séparé de la base de ce dernier par une dépression, se trouve le byssus, qui est inséré au centre d'un disque charnu auquel correspondent des muscles importants (Pl. XXVII *ter*, *fig.* 6). Le byssus est composé d'une tige cornée légèrement aplatie latéralement, et sur les bords antérieur et postérieur de laquelle s'insèrent de très-nombreux filaments cornés de plusieurs centimètres de longueur, et adhérant solidement aux corps étrangers, le plus souvent aux rochers, par une extrémité légèrement aplatie en forme de petit disque.

En arrière du byssus se trouve une masse parenchymateuse qui s'étend jusqu'au muscle adducteur des valves (Pl. XXIII, *fig.* 6 ; Pl. XXVII *ter*, *fig.* 6). Cette masse renferme dans sa partie libre les muscles postérieurs du pied et du byssus, et quelques parties de la glande génitale. Dans la portion placée au-dessus de l'insertion des branchies, elle comprend la partie postérieure du tube digestif, la cavité péricardique et le cœur.

La forme comprimée latéralement de la partie libre de cette masse postérieure et son contour arrondi et saillant en arrière lui ont fait donner le nom pittoresque de *bosse de Polichinelle*. On lui a aussi donné le nom d'*abdomen*, qui me paraît peu juste, attendu que cette partie du corps ne contient ni le foie ni l'estomac. Cette portion libre et saillante présente des dimensions variables suivant l'époque où on l'étudie, et surtout suivant que l'animal est plus ou moins amaigri, plus ou moins dépourvu de liquide hydro-sanguin, etc.

Quand l'animal est gras ou gorgé de liquide, il existe sur les parties latérales du corps et en-dessous des muscles postérieurs du byssus une exca-vation profonde, ou *cavité des flancs*, qui s'ouvre alors, par un large orifice ovalaire (Pl. XXIII, *fig*. 6; Pl. XXVII *ter*, *fig*. 6, 9), en dedans d'une *papille* blanchâtre qui est l'orifice du canal excréteur des glandes génitales ou *pore génital*. Cette excavation remonte en haut entre les muscles posté-rieurs du pied et du byssus, qui sont en dehors, et la masse centrale du corps formée par l'appareil intestinal. Si, quand l'animal est extrait de la coquille, ou pratique une déchirure en dedans des surfaces d'insertion des muscles postérieurs du byssus et du pied, on pénètre de chaque côté dans l'une de ces cavités latérales que j'ai appelées *cavité des flancs* (Pl. XXIII, *fig*. 4, 10, 10). Quand l'animal est peu volumineux, amaigri, cette cavité des flancs est peu étendue, et l'orifice est petit, oblique et caché dans l'angle formé par le corps et la base des branchies, en dedans de la *papille génitale*.

L'existence de cette *cavité des flancs* est due au développement consi-dérable des muscles rétracteurs postérieurs du pied et du byssus, muscles qui font saillie sur les parties latérales du corps, et qui, ayant un trajet forte-ment oblique en arrière, s'appliquent sur ces parties latérales et déterminent ainsi la formation d'une cavité entre eux et les parois latérales du corps (Pl. XXIII, *fig*. 6; Pl. XXVII *ter*, *fig*. 6, 9).

Dans l'angle rentrant formé par l'union du corps et des branchies, on remarque une série de vésicules ou renflements fusiformes de couleur brun verdâtre qui s'étendent en arrière jusqu'au voisinage de la *papille*, ou *pore génital*. C'est une partie de l'*organe de Bojanus*, ou appareil d'excrétion (Pl. XXIII, *fig*. 6; Pl. XXVII *ter*, *fig*. 6, 1, 1), qui s'étend plus en arrière et jusqu'au muscle adducteur postérieur sous la forme d'une bande brune placée entre la base de la branchie et le conduit génital.

Tels sont les diverses parties ou organes qui sont visibles sans dissection, et qui contribuent à la forme générale et à l'aspect de l'animal. Je vais maintenant entrer dans l'étude détaillée des systèmes et des appareils.

III.

APPAREIL MUSCULAIRE.

L'appareil musculaire de la Moule est assez complexe. Il se compose : 1° de muscles destinés à rapprocher les valves, muscles *adducteurs des valves*; 2° de muscles agissant sur le pied, ou *rétracteurs du pied*; 3° de muscles agissant sur le byssus, ou *muscles du byssus*, dont l'action est complexe; 4° des muscles *palléaux*, et 5° des muscles *anaux*.

1° Les muscles *adducteurs des valves* sont au nombre de deux, l'un antérieur et l'autre postérieur. Leurs dimensions sont très-inégales, le postérieur étant un muscle volumineux, et l'antérieur un muscle si petit et si rudimentaire qu'il est passé inaperçu pour quelques observateurs, qui ont placé la Moule parmi les bivalves monomyaires. L'adducteur postérieur est un muscle puissant (Pl. XXIII, *fig.* 1, 6 ; Pl. XXIV, *fig.* 1, *fig.* 2, 10, *fig.* 3, 10, *fig.* 4, 7, *fig.* 6, 9), transversalement étendu d'une valve à l'autre, et présentant une coupe ovalaire, quelquefois légèrement bilobée. J'ai déjà indiqué ses insertions ou empreintes sur la coquille.

Le muscle adducteur antérieur est très-petit (Pl. XXIII, *fig.* 6, 11) ; il occupe transversalement le capuchon antérieur du manteau, et s'insère à la face interne de chaque valve, dans une fossette placée à l'extrémité antérieure du bord inférieur. La partie moyenne de ce muscle est comprise dans l'épaisseur même du manteau.

Le rôle de ces deux muscles est évidemment de rapprocher les valves et de fermer la coquille; leur action, celle du postérieur surtout, est très-puissante, ce qui est en rapport avec les dimensions du muscle postérieur, avec la courte étendue et le parallélisme parfait de leurs fibres, avec leur insertion perpendiculaire sur les leviers qu'ils ont à mouvoir, et avec la longueur du bras de levier pour le muscle postérieur, qui est relativement éloigné de la charnière. Aussi est-il très-difficile d'ouvrir une Moule, et faut-il déployer une force considérable pour écarter les valves. Quand on veut étudier ces animaux à l'état frais et vivants, il faut employer certains procédés pour les mettre à nu sans leur faire subir des altérations trop considérables. Je les indiquerai, en vue des débutants, après avoir décrit les autres muscles.

2° Les *muscles rétracteurs du pied* sont, les uns antérieurs et les autres postérieurs. Il y a deux muscles antérieurs et deux postérieurs.

Les muscles antérieurs forment deux faisceaux très-volumineux qui, partant du pied, se portent en avant et un peu en haut, et vont s'insérer dans une fossette allongée située un peu en arrière de l'extrémité antérieure de la charnière. Ces deux muscles comprennent entre eux un angle très-aigu ouvert en avant, angle qui s'agrandit d'autant plus que les valves s'écartent davantage. Ils forment deux faisceaux blancs nacrés parfaitement visibles au-devant du pied (Pl. XXIII, *fig*. 6 ; Pl. XXVII ter, *fig*. 6, 11).

Les muscles rétracteurs postérieurs sont de petits muscles composés d'un ou deux petits faisceaux aplatis, et qui, insérés sur la face interne de la coquille, au-dessous de la cavité péricardique, se portent en bas et en avant et pénètrent dans la base du pied, qu'ils parcourent dans toute sa longueur. Ces muscles sont essentiellement rétracteurs du pied, sur lequel ils agissent bien plus directement que les rétracteurs antérieurs. Tandis que l'action de ces derniers ne porte que sur la base du pied, et par conséquent sur la position de cet organe, les muscles rétracteurs postérieurs, pénétrant dans le pied lui-même et venant s'insérer dans toute la longueur du pied, à l'enveloppe cutanée de cet organe, influent non-seulement sur la situation du pied, mais encore sur la forme et la longueur de cet organe. Quand ces muscles se contractent dans leur totalité, le pied est non-seulement ramené en haut, mais il est fortement raccourci, et son épaisseur est accrue. Quand ces muscles sont le siége de contractions partielles de certaines de leurs fibres, le pied est déformé de telle ou telle manière et présente des dépressions et des saillies diversement distribuées. Nous verrons plus tard quelle peut être l'influence de ces muscles sur la pénétration de l'eau dans le système circulatoire.

3° Les *muscles du byssus* sont constitués par une série de faisceaux musculaires volumineux qui, partant de la base du byssus, s'écartent en un éventail composé de quatre ou cinq faisceaux qui vont s'insérer sur cette

empreinte musculaire longitudinale et horizontale qui est au-devant du muscle adducteur postérieur des valves et au-dessous de la région péricardique.
Ces muscles s'appliquent sur les flancs de l'animal et limitent en dehors
cette cavité que j'ai décrite sous le nom de *cavité des flancs.* On les aperçoit sur la *fig.* 6 de la Pl. XXIII, et *fig.* 6, 10 de la Pl. XXVII *ter.* Ils
s'insèrent ordinairement sur le disque (Pl. XXVII, *fig.* 14, 5) qui renferme
la glande du byssus, et ils forment à ce niveau une sorte de décussation,
soit avec ceux du côté opposé, soit même quelquefois avec le muscle rétracteur antérieur du pied, qui au lieu de s'arrêter au pied s'étend en arrière
jusqu'à la base du byssus et semble parfois même se continuer directement
avec le faisceau postérieur des muscles du byssus. Il y a donc de grandes
variations à cet égard, et il faut, pour être exact, dire que les muscles
rétracteurs antérieurs du pied et les muscles du byssus forment dans leur
ensemble un système qui vient converger indifféremment à la base du pied
et du byssus, tandis que le rétracteur postérieur du pied appartient exclusivement à ce dernier organe. Il résulte de cette disposition que la masse du
corps de l'animal est comprise dans l'intervalle des branches d'un X musculaire qui doit exercer sur elle une certaine compression.

On comprend quelle peut être, l'action de ce groupe de muscles, soit pour
rapprocher l'animal de l'extrémité du byssus qui se fixe à l'extérieur, et par
conséquent pour diminuer sa mobilité, soit pour rapprocher les deux valves
et venir en aide aux adducteurs. Ces muscles, prenant leur point fixe sur
le byssus, peuvent en effet rapprocher les valves, de telle sorte que la même
action musculaire consolide l'animal sur le rocher, auquel il adhère, et con-
tribue à l'occlusion énergique de la coquille; deux effets qui tendent à le
défendre contre certains dangers. Mais je répète que le muscle rétracteur
postérieur du pied est toujours indépendant de ce groupe et pénètre seul
dans le pied, pour se distribuer successivement à la peau de la moitié
terminale de cet organe. Nous verrons quel est son rôle spécial dans les
fonctions du système aquifère.

4° Les *muscles palléaux* occupent tout le bord libre du manteau et le
bord supérieur jusqu'à la charnière (Pl. XXIII, *fig.* 1, 1; Pl. XXIV, *fig.* 1, 7).
Ils forment sur chaque lobe du manteau une bande qui se rétrécit en
pointe à ses deux extrémités. Cette bande est composée de petits faisceaux

musculaires dont la direction est perpendiculaire aux bords du manteau. Ces petits faisceaux nacrés s'anastomosent obliquement entre eux. Quand ces muscles sont relâchés, la lèvre festonnée et papillaire des bords du manteau proémine entre les valves; mais, dès que ces muscles se contractent, les bords du manteau et les festons papillaires sont retirés au dedans de manière à ce que l'animal puisse fermer hermétiquement sa coquille en appliquant les valves l'une contre l'autre ; les lèvres saillantes et papillaires du manteau, ramassées en dedans, s'appliquent aussi l'une à l'autre, et contribuent à fermer la cavité du manteau et à y retenir une certaine quantité d'eau nécessaire à la vie de l'animal.

Les muscles palléaux, en se contractant, tendent la lèvre lisse ou externe du manteau, et aplatissent un grand vaisseau veineux ou *sinus marginal,* qu'ils contribuent ainsi à vider. Nous verrons quelle est l'influence de cette action sur la circulation.

5° Les *muscles anaux* prennent leur insertion derrière le muscle adducteur postérieur des valves, sur une petite impression triangulaire. Ces muscles s'épanouissent dans la membrane anale, qu'ils tendent et retirent en dedans quand l'animal veut fermer sa coquille. Ils ferment ainsi l'orifice anal du manteau, et représentent précisément, au point de vue anatomique et physiologique, les muscles des siphons des bivalves siphonés.

Pour étudier la Moule à l'état frais dans de bonnes conditions, il convient de l'ouvrir sans léser les organes. Ce n'est pas toujours facile, et il faut avoir recours à quelque tour de main. Voici celui que j'emploie. J'introduis peu profondément entre les deux valves, au niveau du byssus, un corps large et mince, comme le tranchant d'un ciseau ou la lame d'un fort couteau. En faisant pirouetter cet instrument sur son axe longitudinal, j'écarte légèrement les valves, entre lesquelles j'introduis un coin d'un demi-centimètre d'épaisseur environ. Puis, avec la pointe d'un scalpel étroit, je détache le bord adhérent du manteau au niveau de la région anale. Je glisse soigneusement le scalpel entre le manteau et la coquille, et je vais détacher de son insertion le muscle adducteur postérieur des valves. Une fois ce muscle coupé, les valves s'écartent avec assez de force pour amener des déchirures. Je les maintiens entre les doigts de manière à régler leur écartement, et je continue avec le scalpel à détacher d'abord les muscles postérieurs du byssus et du pied, en ayant la précaution de ne pas entamer le péricarde et la veine afférente oblique. Je détache ensuite successivement les muscles palléaux jusqu'à l'extrémité antérieure, et je finis par les muscles adducteur antérieur des valves et rétracteur antérieur du pied.

On peut aussi obtenir une Moule détachée de ses valves sans déchirure, en la plongeant pendant quelques instants dans de l'eau à 60° centigrades environ. Les muscles se détachent alors très-nettement des valves, et l'on a l'animal, mort il est vrai, mais dans un état suffisamment normal, si l'on a eu la précaution de le retirer de l'eau chaude dès que les valves se sont entr'ouvertes.

IV.

APPAREIL DIGESTIF.

L'appareil digestif commence à la bouche, dont j'ai déjà donné la description (Pl. XXIII, *fig.* 8). C'est une fente transversale en forme de croissant concave en haut, et dont les angles se continuent avec des gouttières comprises entre les bases des deux paires de tentacules buccaux, sur la forme et le rôle desquels j'ai déjà insisté.

La cavité buccale, qui, comme celle de tous les bivalves, est lisse et dépourvue d'armature, se rétrécit en arrière pour former une sorte d'œsophage très-court (Pl. XXVII, *fig.* 4, 10 ; Pl. XXVII *bis*, *fig.* 1, 1), auquel fait suite l'estomac.

Ce dernier se compose de deux parties très-distinctes : une partie dilatée et évasée postérieurement (Pl. XXVII, *fig.* 4, 5 ; Pl. XXVII *bis*, *fig.* 1, 2, 3, 4), et une partie étroite et allongée en forme de tube, qui s'étend directement en arrière jusque sur le muscle adducteur postérieur des valves (Pl. XXVII, *fig.* 3 et 4, 2; Pl. XXVII *bis*, *fig.* 1, 5, 6, 7, 8, 9), où elle se termine par un petit cul-de-sac ou cœcum (Pl. XXVII, *fig.* 4, 8).

La portion dilatée s'évase en arrière et se termine assez brusquement à ce niveau. Elle forme de chaque côté une sorte de golfe ou sinus (Pl. XXVII, *fig.* 4, 4; Pl. XXVII *bis*, *fig.* 1), dans lequel on aperçoit un certain nombre d'orifices qui sont des ouvertures glandulaires. Sur la face inférieure se trouve un orifice (Pl. XXVII *bis*, *fig*. 1, 4) de deux millim. environ, qui conduit dans une sorte de cul-de-sac (Pl. XXVII, *fig*. 4, 6) de cinq à six millim. de longueur, séparé de la cavité de l'estomac par un simple repli de la muqueuse. Cette cavité ou *diverticulum stomacal* présente aussi des orifices glandulaires.

A la portion renflée ou *utriculaire* de l'estomac fait suite la portion *tubulaire* (Pl. XXIII, *fig*. 2 et 4, 2, et Pl. XXVII, *fig*. 3 et 4, 2; Pl. XXVII *bis*, *fig*. 1, 5, 6, 7, 8), qui s'étend jusque sur le muscle adducteur postérieur, et qui se termine là par un court cœcum (Pl. XXVII, *fig*. 4, 8).

On trouve toujours dans cette portion de l'intestin un stylet cristallin de consistance cartilagineuse, dur et cassant, qui s'étend dans toute la longueur de cette portion tubulaire de l'estomac. Ce stylet, résistant sur l'animal très-frais, se ramollit bientôt et finit par devenir diffluent et par disparaître au bout de quelques jours, quoique l'animal soit encore vivant, mais dans un laboratoire et en dehors de ses conditions normales de vie et de nutrition. C'est ce qui fait qu'après un certain temps on ne trouve plus le stylet cristallin. Ce stylet (Pl. XXVII, *fig*. 4, 7), rectiligne et de forme cylindrique, a une extrémité antérieure mousse et une extrémité postérieure aiguë au voisinage de l'orifice de l'intestin.

Près de l'extrémité postérieure de l'estomac, au point où commence le court cœcum, on aperçoit sur la paroi de droite un orifice ovalaire (Pl. XXIII, *fig*. 4, 4) très-net et comme taillé en emporte-pièce. C'est l'orifice de l'intestin (Pl. XXVII, *fig*. 4, 3; Pl. XXVII *bis*, *fig*, 1, 9), orifice qui est laissé libre par l'extrémité aiguë du stylet cristallin.

Tandis que l'œsophage et la portion dilatée de l'estomac sont entièrement enveloppés et comme ensevelis au milieu du foie (Pl. XXVII, *fig*. 3, 9, 9), la portion tubulaire (Pl. XXVII *bis*, *fig*. 1) n'a de rapports avec cette glande que dans une petite étendue, et s'en dégage bientôt pour passer sous la cavité péricardique et pour occuper ensuite avec le rectum et l'*intestin récurrent* le bord supérieur du corps de l'animal et la face supérieure du muscle adducteur, où il se termine par le cœcum.

L'intestin, qui fait suite à l'estomac, est constitué par une anse allongée dont les branches sont rectilignes dans leurs moitiés postérieures et sinueuses dans leurs moitiés antérieures, qui sont englobées dans le foie. La première branche de l'anse ou branche droite constitue l'*intestin récurrent* (Pl. XXIII, *fig.* 2, 3, *fig.* 4, 3, 3; Pl. XXVII, *fig.* 3 et 4, 3); la branche gauche est l'*intestin terminal* (Pl. XXVII, *fig.* 3, 3). Les portions rectilignes et postérieures des branches de l'anse se voient presque à nu en arrière sur le bord supérieur de la *bosse de Polichinelle;* mais, quand les glandes reproductrices sont gorgées de produits, elles enveloppent et cachent ces portions de l'intestin.

L'*intestin récurrent* est d'un calibre moindre que l'estomac tubulaire. Il est cylindrique. Après s'être détaché obliquement de l'estomac tubulaire, il se porte en avant et se place en dehors et en dessous du rectum (Pl. XXVII, *fig.* 3 et 4, 3), sur le côté droit de l'*estomac tubulaire.* Il est presque superficiel, mais toujours plus ou moins enveloppé par des portions de la glande génitale. Arrivé ainsi au niveau du péricarde, il parcourt d'arrière en avant le côté droit du plancher de cette cavité. Encore là, il est enveloppé par la glande génitale, qui occupe le plancher du péricarde. Au sortir de la région péricardique il pénètre dans le foie, y devient sinueux et décrit une première courbe à concavité gauche et une seconde à concavité droite. Il coupe ainsi très-obliquement le trajet de l'aorte, au-dessous de laquelle il passe; et, parvenu au-dessus de la dilatation stomacale, il décrit une anse à concavité postérieure placée entre les deux grandes *veines longitudinales antérieures* (Pl. XXVII, *fig.* 3).

A partir de ce point, l'intestin, devenant *intestin terminal*, se dirige en arrière en décrivant de légères sinuosités au voisinage de la grande veine afférente longitudinale gauche, où l'on peut l'apercevoir quand on a détaché la coquille. Puis il se porte assez brusquement vers la ligne médiane, passe au-dessous du bulbe aortique et pénètre immédiatement dans le ventricule du cœur (Pl. XXIII, *fig.* 3, 3, *fig.* 5, 5, et Pl. XXVII, *fig.* 3), où il forme le *rectum cardiaque.* Il traverse le ventricule en droite ligne d'avant en arrière, mais sans occuper exactement l'axe de sa cavité, car, pénétrant au-dessous du bulbe aortique, il sort en arrière au-dessus de la pointe postérieure du cœur (Pl. XXIV, *fig.* 1, 5, *fig.* 2 et 3, 9).

Au sortir du cœur, l'intestin devient libre et forme une saillie longitudinale sur le bord supérieur de l'animal. Il constitue le *rectum* et se place dans la gouttière formée en haut par le contact de l'estomac tubulaire et de l'intestin récurrent (Pl. XXIII, *fig.* 3, 7; Pl. XXVII, *fig.* 3, 1, *coupe* 1). Il chemine directement d'avant en arrière, et passe au-dessus du muscle adducteur postérieur, auquel il adhère, et sur la face supérieure et postérieure duquel il se courbe, pour se terminer par un orifice dont les parois molles et délicates sont ordinairement affaissées; pour ne s'ouvrir que lors de la sortie des matières fécales.

Au sortir du péricarde et sur la moitié environ de sa longueur, le rectum est recouvert par des portions de la glande génitale qui donnent à ses parois une épaisseur plus grande et forment là un renflement d'autant plus prononcé qu'on est plus près de l'époque de la maturation des produits reproducteurs (Pl. XXIII, *fig.* 3, 3; Pl. XXVII, *fig.* 3, 4, *coupe* 1).

Au niveau du muscle adducteur postérieur, le rectum passe au-dessus de l'embouchure de l'intestin dans l'estomac tubulaire (Pl. XXVII, *fig.* 3 et 4, 1. Ses parois, à ce niveau, sont dégagées de la glande génitale; elles sont minces et recouvertes extérieurement d'un épithélium pigmenté en brun foncé, qui permet de distinguer immédiatement la terminaison du rectum sur le blanc nacré du muscle adducteur postérieur. L'orifice de l'anus se trouve exactement au niveau de l'ouverture anale du manteau, par où est expulsée l'eau qui vient des branchies et qui entraîne avec elle les matières fécales.

Après avoir décrit la forme générale et le trajet du tube digestif, je dois en étudier la constitution, la structure et le rôle physiologique. La bouche et l'œsophage ont des parois lisses, tapissées par un épithélium cylindrique à cils vibratiles. Les mouvements des cils se font d'avant en arrière, de manière à entraîner vers l'estomac les substances alimentaires. L'œsophage et la bouche possèdent des fibres musculaires lisses, dont les unes, internes, sont transversales, et les autres, externes, longitudinales.

L'estomac, soit utriculaire, soit tubulaire, présente des particularités de structure très-remarquables, et sur lesquelles je dois insister. Lorsque ces cavités sont ouvertes par le bord supérieur, comme dans la *fig.* 1 de la Pl. XXVII *bis*, on distingue immédiatement des saillies ou bourrelets séparés par des sillons plus ou moins irréguliers. Les saillies ont une couleur d'un blanc mat; elles sont tomenteuses, veloutées. Les sillons sont légèrement brunâtres, les uns par transparence, d'autres par suite de la coloration propre de l'épithélium.

Dans la partie utriculaire de l'estomac on remarque (Pl. XXVII *bis, fig.* 1) sur la face inférieure une saillie médiane 2 qui commence en avant, au point où finit l'œsophage. Cette saillie, de forme assez irrégulière, commence par un bouton antérieur suivi d'une partie étroite et allongée qui s'élargit ensuite fortement en une saillie transversale placée à l'orifice de l'estomac tubulaire. Du bord postérieur de cette saillie transversale naît un bourrelet 6 qui parcourt l'estomac tubulaire dans toute sa longueur, et que je désigne sous le nom de *bourrelet gauche.* De chaque côté de la saillie médiane de l'estomac utriculaire se remarquent deux saillies 3, qui, larges sur la face inférieure de l'estomac, remontent sur les parois latérales et supérieure, et regagnent la paroi inférieure en décrivant une courbe à concavité inférieure et en se rétrécissant fortement. Elles limitent un sillon antéropostérieur médian sur la paroi supérieure de l'estomac. Celle de gauche se termine par une extrémité fine au niveau de l'orifice de l'estomac tubulaire, et tout près de l'origine du bourrelet gauche, dont elle n'est séparée que par un petit sillon. Celle de droite se relie directement par son extrémité postérieure avec le *bourrelet droit* 5 de l'estomac tubulaire. Sur le sujet de la Pl. XXVII *bis, fig.* 1, son extrémité antérieure est plus volumineuse que celle de la saillie gauche, et elle décrit sur la face inférieure et latérale droite de l'estomac utriculaire une sorte de circonvolution en forme d'S. De chaque côté de la saillie médiane se remarquent une série de petits orifices séparés par des digitations, soit de la saillie moyenne, soit des saillies latérales ; ce sont des orifices correspondant à des culs-de-sac glandulaires de l'estomac. Sur la face inférieure (Pl. XXVII *bis, fig.* 1, 4) se trouve un orifice plus considérable, masqué par l'extrémité antérieure de la saillie gauche. Cet orifice correspond à un diverticulum ou cul-de-sac assez étendu (Pl. XXVII, *fig. 4,* 6), qui reçoit les canaux biliaires.

L'estomac tubulaire va se rétrécissant d'avant en arrière. On y remarque sur la face inférieure une gouttière profonde 8 qui est comprise entre les deux bourrelets longitudinaux 5, 6, que j'ai déjà signalés. Cette gouttière est lisse et de couleur blanc sale. Son extrémité antérieure se rétrécit brusquement en se portant à droite, pour se continuer avec les sillons étroits et tortueux qui séparent les saillies droites de l'estomac utriculaire. Mais le sillon de communication est plutôt virtuel que réel, attendu que les saillies qui le bordent sont en contact immédiat. Cette gouttière de l'estomac tubulaire conserve ses dimensions dans presque tout son parcours, et jusqu'à l'orifice de l'intestin 9, qui est logé à droite, sous le bourrelet droit. A partir de ce point, la gouttière se rétrécit rapidement, et finit en pointe par le contact des deux extrémités amincies et aiguës des bourrelets.

Les bourrelets 5 et 6 qui limitent la gouttière 8 sont très-saillants (Pl. XXVII bis, fig. 1 et 2), à peu près égaux, celui de droite quelquefois un peu plus gros; ils sont d'un blanc mat, d'un aspect velouté, et présentent de très-légères ondulations de la surface. Dans un estomac non ouvert, ces bourrelets, appliqués l'un à l'autre, sont en contact par leur face large. Au-dessus d'eux se trouve une surface muqueuse d'un aspect très-remarquable, et qu se distingue nettement des bourrelets blancs par sa couleur brun jaunâtre. Cette surface, examinée très-attentivement à l'œil nu, et mieux encore à la loupe, présente une série de sillons et de bourrelets transversaux très-fins, très-réguliers, qui décrivent trois quarts de circonférence (Pl. XXVII bis, fig. 1 et 2, 7, 7'). Ces bourrelets transversaux, partant ainsi des bords externes des grands bourrelets longitudinaux, sur lesquels ils semblent s'attacher, tapissent donc les trois quarts d'une gouttière supérieure de forme cylindrique, dont le quart inférieur est formé par les bourrelets longitudinaux (Pl. XXVII bis, fig. 6). Ils ont une épaisseur de $0^{mm},3$ environ. Ils ne sont bien visibles que sur un estomac très-frais pris chez un animal en très-bon état. Au bout de peu de temps, la surface de l'estomac perd son aspect strié transversalement, et devient lisse et comme diffluente. Nous verrons bientôt pourquoi. C'est dans cette gouttière supérieure que se trouve le stylet cris_tallin que j'ai déjà décrit, et qui en occupe presque tout le calibre, de telle sorte qu'il ne reste entre le stylet et la paroi de l'estomac qu'une zone étroite. Cette gouttière supérieure se rétrécit légèrement d'avant en arrière, et se termine par une extrémité conique dans le cœcum stomacal.

Examinons maintenant quelle est la structure des diverses régions de l'estomac. Les parois de l'estomac sont complexes. On y trouve des tissus musculaires, du tissu conjonctif, des éléments épithéliaux de nature différente, et un tissu sous-muqueux spécial, que je décrirai plus loin sous le nom de *tissu adénoïde*.

Le tissu musculaire forme autour de l'œsophage et de tout le tube digestif en général une couche décomposable en deux couches secondaires : l'une externe, composée de fibres longitudinales, et l'autre, interne, de fibres transversales ou circulaires. Ces fibres musculaires, lisses et pourvues de noyaux allongés (Pl. XXVII *bis*, *fig.* 8, 5, et Pl. XXVII *ter*, *fig.* 3 et 8, 5), forment des faisceaux plus ou moins serrés (Pl. XXVII *bis*, *fig.* 18) et fréquemment reliés entre eux par des anastomoses très-obliques. Les deux couches, l'une longitudinale 1, et l'autre circulaire et interne 2, sont unies entre elles par un tissu conjonctif amorphe qui, au niveau des intervalles losangiques ou trapézoïdes placés entre les faisceaux, renferme un très-grand nombre de granulations (Pl. XXVII *bis*, *fig.* 18, 3). Cette couche de tissu conjonctif forme une sorte de gaine générale aux couches musculaires ; sur elle repose immédiatement l'épithélium de la cavité intestinale. Mais il est des points où la couche de tissu conjonctif sous-épithéliale prend plus d'épaisseur et renferme des éléments relativement volumineux, sous forme de gros noyaux entourés d'une atmosphère de protoplasma (Pl. XXVII *bis*, *fig.* 8, 4, *fig.* 15). Ces éléments cellulaires sont de volume variable, plus ou moins groupés et mêlés à de nombreuses granulations. On peut en juger par la *fig.* 15, qui représente l'aspect de cette couche après traitement par le nitrate d'argent au 0,03. Les noyaux sont restés blancs, tandis que le protoplasme environnant s'est fortement coloré en noir. J'ajoute que l'imbibition par le nitrate d'argent, en colorant en noir les granulations et en brun la masse du tissu conjonctif, tandis qu'il laisse les faisceaux musculaires incolores, m'a permis de reconnaître très-nettement la disposition des couches musculaires. La *fig.* 18 a été prise sur une de ces préparations.

Sur la couche de tissu conjonctif interne repose la couche épithéliale. Cette couche est vibratile depuis la bouche jusqu'à l'anus, c'est-à-dire dans toute la longueur de l'intestin. Elle est aussi partout formée de cellules cylindriques, mais dont les dimensions, la forme et le rôle varient considérablement d'un point à l'autre. Je vais décrire l'épithélium stomacal suivant les régions auxquelles il appartient.

L'épithélium buccal et œsophagien est, avons-nous dit, composé de cellules cylindriques uniformes de petites dimensions et pourvues de cils
vibratiles qui entraînent les matières alimentaires d'avant en arrière et les
portent à l'estomac.

Dans l'estomac, il faut distinguer les sillons et les saillies. Les sillons
sont tapissés par un épithélium cylindrique vibratile tout à fait analogue
à celui de l'œsophage. Ce sont de petites cellules très-serrées, sur une
seule couche et ayant environ 0^{mm},05 de longueur, et des cils de 0^{mm},01
environ. L'épithélium des saillies est très-remarquable par ses dimensions,
par sa forme et par son rôle physiologique.

La surface épithéliale des saillies, examinée à la loupe, est passablement
ondulée et présente des sillons sinueux. Examinée sur le frais et sur un
petit fragment détaché avec des ciseaux courbes, elle montre de magnifiques
faisceaux dont le bord libre s'élargit en éventail. Ce bord est terminé par
une cuticule brillante très-réfringente et surmontée de cils vibratiles.

Sur une coupe des parois stomacales durcies dans une solution de gomme
glycérinée, on obtient des préparations semblables à celle qui est dessinée
(Pl. XXVII ter, fig. 3), où plusieurs éventails successifs 9, 9 sont représentés dans leurs rapports mutuels. Ces éventails ont, comme on le voit,
des bords courbes présentant de légères ondulations, et sont séparés par des
sillons profonds dont le fond présente parfois des cellules d'une conformation
spéciale. La même Planche représente (fig. 1) une saillie épithéliale fort belle,
plus considérable que les autres et correspondant à la saillie médiane de la
face inférieure de l'estomac. On voit que les cellules épithéliales augmentent
de dimension à mesure qu'elles se trouvent plus près du centre de la saillie.
Ces longues cellules sont portées le plus souvent par des saillies ou papilles
plus ou moins prononcées, formées par les tissus sous-jacents, et sur
lesquelles je reviendrai.

Si l'on prend des parcelles d'épithélium détachées par la raclure après
macération suffisante dans un mélange de deux parties d'eau pour une d'alcool à 36° Cartier, suivant le conseil de Ranvier, on obtient de magnifiques
lambeaux d'épithélium, sur lesquels on peut étudier les cellules isolées
(Pl. XXVII bis, fig. 7, 8, 9, 10, 11). Ces cellules sont très-remarquables
par leur longueur, qui les fait ressembler à de longs pilotis très-serrés. Elles

possèdent un noyau allongé elliptique vers la réunion du tiers supérieur et des deux tiers inférieurs. Ces noyaux renferment plusieurs granulations; ils sont plus réfringents que le contenu de la cellule. La portion de la cellule où se trouve le noyau est élargie et fusiforme; au-dessus du noyau, la cellule, d'abord légèrement rétrécie, s'élargit de nouveau pour former un ruban assez large, de $0^{mm},007$ environ à l'état frais. La portion inférieure ou noyau est au contraire étroite, filiforme, et forme une sorte de cordon délié qui se termine inférieurement par une extrémité mousse, et quelquefois même par une extrémité bifurquée (Pl. XXVII *bis*, *fig.* 9).

La position des noyaux varie dans de certaines limites d'une cellule à l'autre, de manière à permettre l'accolement exact des cellules voisines, le renflement nucléaire de l'une étant reçu dans les échancrures correspondantes des cellules voisines (Pl. XXVII *bis*, *fig.* 10). Ainsi se distingue dans l'épaisseur de l' ..uche épithéliale une zone assez étendue qui constitue la région des noyaux. Le bord libre ou supérieur de la cellule est formé par une cuticule brillante, réfringente, de $0^{mm},002$ d'épaisseur environ, surmontée de cils vibratiles qui se courbent et se redressent rapidement, et ont $0^{mm},01$ de longueur au plus.

La longueur de ces cellules est très-variable et dépend de la place qu'elles occupent dans la saillie. Elle s'accroît de la circonférence au centre ou sommet, et varie depuis $0^{mm},05$ jusqu'à $0^{mm},24$ et même $0^{mm},25$, ce qui est très-considérable. Lorsque ces cellules sont à l'état frais, leur contenu renferme des granulations fines et réfringentes; et lorsqu'on les plonge dans l'eau pure ou salée, il s'échappe par endosmose ou à travers les pores de la cuticule une portion du contenu, qui forme au-dessus de chacune d'elles une sphère hyaline (Pl. XXVII *bis*, *fig.* 7).

Les saillies épithéliales voisines sont généralement en contact les unes avec les autres par leurs cellules, qui sont plus ou moins pressées les unes contre les autres, et ne laissent aucun espace libre. Mais il est aussi des intervalles de saillies qui se font remarquer par leur disposition particulière. Ces intervalles (Pl. XXVII *ter*, *fig.* 5), placés ordinairement entre deux saillies très-proéminentes, ont une profondeur remarquable et atteignent presque la couche sous-jacente à l'épithélium. Les cellules externes des saillies limitent une cavité en forme d'utricule à goulot supérieur. Cette utricule est occupée par des cellules en massue, à grosse tête portée sur un pédicule court et convergeant supérieurement, comme les pétales d'une tulipe entr'ouverte. Ces cellules n'ont pas de cuticule réfringente ni de cils vibratiles; leur contenu est très-finement granuleux, et leur noyau est arrondi. Je les considère comme des cellules glandulaires, et les utricules comme de vraies glandes dont le goulot ou canal de sortie se prolonge entre deux saillies épithéliales voisines.

Une coupe des parois de l'estomac utriculaire au niveau des orifices latéraux séparés par des digitations de la *fig.* 1, Pl. XXVII *bis*, permet de reconnaître la disposition des culs-de-sac qui correspondent aux orifices (Pl. XXVII *bis*, *fig.* 15). Ces culs-de-sac sont limités extérieurement par la couche musculaire de l'estomac, et sont subdivisés en cavités secondaires par un stroma conjonctif très-riche en noyaux et en granulations. On y trouve un épithélium cylindrique vibratile dont les cellules, courtes au fond des culs-de-sac, acquièrent plus de longueur à mesure qu'elles se rapprochent du sommet des saillies de séparation. Ces cavités sont sans aucun doute des cavités à la fois de sécrétion et d'absorption.

L'épithélium de l'estomac tubulaire mérite de nous arrêter. Les saillies longitudinales blanches (5 et 6, *fig.* 1, Pl. XXVII *bis*) sont composées d'un épithélium à longues cellules, comparable à celui des saillies de l'estomac utriculaire. Cet épithélium se trouve, sur des coupes, former des éventails de cellules rayonnantes, séparés par des sillons plus ou moins prononcés, dont le fond est souvent occupé par des cellules glandulaires en massue, semblables à celles que je viens de décrire. La *fig.* 5 de la Pl. XXVII *ter* représente une coupe oblique faite sur le bourrelet droit. Ces touffes épithéliales reposent, comme dans l'estomac utriculaire, sur des saillies coniques formées par un stroma conjonctif, avec noyaux et granulations, dans lequel se trouve, près de la surface, une mince couche de tissu musculaire. Ce sont là de véritables villosités creusées de vaisseaux lacunaires. Ces cônes conjonctifs reposent sur une couche de tissu musculaire plus épaisse que la couche superficielle.

La rigole ou gouttière inférieure placée entre les deux bourrelets est tapissée par un épithélium cylindrique vibratile dont les cellules ont $0^{mm},02$ de longueur, et dont les cils vibratiles, très-serrés, sont longs de $0^{mm},007$

environ. Le passage de l'épithélium des bourrelets à celui de la rainure est assez brusque, ainsi qu'on le voit sur une coupe perpendiculaire à la direction du canal (Pl. XXVII *bis*, *fig*. 14).

Quant à la gouttière supérieure ou jaunâtre de l'estomac tubulaire, son épithélium se distingue, par des caractères très-saillants, des épithéliums que nous avons rencontrés sur les autres régions de l'estomac. Nous avons vu que cette gouttière était remarquable par sa couleur brun jaunâtre et par les petits bourrelets transversaux qu'elle présente dans toute son étendue. Si l'on prend un lambeau frais de cette muqueuse, qu'on l'étale sur une plaquette et qu'on l'examine à nu avec un objectif faible, le n° 0 de Vérick ou de Nachet, on s'aperçoit que les petits bourrelets transversaux (Pl. XXVII *bis*, *fig*. 2, 7, 7′) ont leur surface recouverte elle-même de bourrelets beaucoup plus petits et dirigés obliquement par rapport à l'axe des bourrelets transversaux (Pl. XXVII *bis*, *fig*. 3). Ces petits bourrelets obliques sont environ dix fois plus étroits que ces derniers et mesurent à peu près $0^{mm},03$.

Sur une coupe de l'estomac faite perpendiculairement à ces bourrelets de troisième ordre, on constate que les bourrelets transversaux ou de deuxième ordre sont dus à des plissements ou ondulations de l'ensemble des parois mêmes de l'estomac, tandis que les bourrelets obliques ou de troisième ordre sont dus à la disposition spéciale de l'épithélium.

Cet épithélium (Pl. XXVII *ter*, *fig*. 3) présente, sur une coupe, de petits éventails réguliers, égaux entre eux, constitués par des cellules cylindriques de longueurs inégales, les plus longues occupant le centre du bourrelet, et les cellules allant en se raccourcissant jusqu'au fond même des sillons de séparation. Les cellules qui composent cet épithélium sont cylindriques, et ont depuis $0^{mm},04$ jusqu'à $0^{mm},06$ de longueur. Les noyaux elliptiques sont clairs et très-distincts, pourvus d'un nucléole (Pl. XXVII *ter*, *fig*. 4). La partie sous-nucléaire de la cellule n'est point filiforme, mais légèrement conique, claire, finement granuleuse. La partie qui correspond au noyau, et surtout la tête de la cellule, sont remplies de granulations fines de couleur brun jaunâtre, très-nombreuses; c'est à cette circonstance qu'est due la coloration de cette région de l'estomac. Le bord libre de la cellule est pourvu une cuticule brillante, de $0^{mm},002$ d'épaisseur, qui vue à un fort grossissement est facilement décomposable en grains brillants placés côte à côte sur une seule rangée. Ces grains brillants portent des cils très-remarquables par leur volume et par leur longueur. Ces cils sont en effet relativement volumineux, comme de fins bâtonnets, très-réfringents, et d'une longueur remarquable, 0^{mm},02, c'est-à-dire la moitié ou le tiers de la longueur de la cellule. Ces cils sont au moins deux fois plus longs et plus forts que ceux des autres cellules épithéliales de l'estomac; ils sont très-résistants et se conservent bien mieux et beaucoup plus longtemps que les autres sur les coupes et dans les divers liquides employés pour les préparations. Ces cils forment à la surface de l'épithélium une sorte de couche très-serrée et très-puissante, d'une résistance relative considérable, qui est en rapport avec le stylet cristallin que nous avons vu remplir la cavité de cette gouttière supérieure de l'estomac tubulaire.

J'ajoute que la limite entre l'épithélium brunâtre et l'épithélium blanc des bourrelets est très-tranchée, et que le passage se fait brusquement. Là où finit l'épithélium brunâtre commence sans transition l'épithélium blanchâtre. Les coupes montrent très-nettement cette particularité.

Il me reste enfin à déterminer le rôle physiologique des diverses parties de l'estomac. Je vais d'abord m'occuper de l'épithélium à longues cellules, ou épithélium des saillies, que l'on peut désigner comme *épithélium d'absorption des particules insolubles* (matières grasses, endochrome, etc.). Quand on examine des lambeaux de cet épithélium, soit sur le frais, soit après macération dans l'alcool au tiers, on aperçoit dans l'épaisseur de la couche, et à divers niveaux, des agglomérations de granulations, de gouttelettes graisseuses ou de globules d'endochrome provenant des diatomées ingérées par l'animal. On a affaire à une véritable émulsion. Ces agglomérations ont sur le frais la forme de fuseaux dont l'extrémité profonde est arrondie, mousse (Pl. XXVII *bis, fig.* 3, 5, 5). Il y a en outre des granulations et des globules graisseux isolés, parsemés çà et là dans la couche. Si la préparation est recouverte d'un verre très-mince et très-léger, et que l'on presse délicatement avec la pointe d'une aiguille, on s'aperçoit que ces agglomérations et ces granulations cheminent suivant la direction des interstices cellulaires et s'échappent enfin de l'épithélium par la surface libre. Sur

4

les préparations faites après macération dans l'alcool au tiers, les substances renfermées dans la couche épithéliale se sont plus agglomérées ; la finesse des granulations et des globules est moindre, et les matières se sont groupées en grains plus gros, plus uniformes, moins distincts et plus disposés en masses arrondies. Le tout est coloré en brun verdâtre par l'endochrome des diatomées (Pl. XXVII *bis, fig.* 8 et 10). Si l'on dissocie avec des aiguilles un lambeau d'épithélium après macération dans l'alcool au tiers, on peut se rendre un compte exact de la position de ces diverses granulations et de leurs rapports avec les cellules. On obtient en effet de nombreuses préparations semblables à la *fig.* 11 de la Pl. XXVII *bis*, où l'on voit nettement les globules sus-nommés accolés aux cellules et placés précisément dans leurs interstices, et non dans la substance même des cellules.

On peut donc ici se rendre compte d'une manière claire et précise de la voie suivie dans la couche épithéliale par les granulations, ou globules insolubles. Ce qu'il faut remarquer, c'est que ces particules insolubles ne se trouvent que dans l'épaisseur de la couche des cellules incolores. On les rencontre quelquefois, mais très-rarement, dans la couche des cellules incolores courtes. Leur nombre, leur quantité et leur fréquence sont en raison inverse de la longueur des cellules ; et aux points où celles-ci forment les grandes saillies ou bourrelets, on en trouve presque toujours. Quand l'animal est ouvert en pleine digestion et peu de temps après avoir été pêché, la couche en présente à toutes les hauteurs. Mais plus il a jeûné avant d'être ouvert, plus les particules sont limitées à un niveau profond de l'épithélium. Dans ce cas, les régions à cellules courtes en sont entièrement dépourvues. Ces résultats sont évidemment dus en partie au temps nécessaire pour parcourir l'épaisseur de la couche. Mais je crois néanmoins qu'il est permis de penser que les renflements, ou bourrelets épithéliaux à longues cellules, sont éminemment propres à l'absorption des particules insolubles, et que c'est par là surtout que se fait leur introduction dans les tissus sous-jacents, dont j'aurai à parler plus tard.

L'épithélium brun jaunâtre de la gouttière supérieure de l'estomac tubulaire appartient exclusivement à cette région de l'estomac. Nous savons du reste que ses limites d'avec l'épithélium blanchâtre des bourrelets voisins sont nettes et très-tranchées. Sur des coupes perpendiculaires à l'axe de l'estomac, on constate le passage brusque de la tranche brune, granuleuse et à très-longs cils, à la tranche blanchâtre, dont les cils sont relativement courts. Quelque nombreuses qu'aient été les préparations que j'ai observées, je n'ai jamais rencontré dans cette couche d'épithélium la plus petite parcelle d'aliments solides. L'aspect particulier de ses cellules, leur richesse en protoplasma granuleux, me portent à la considérer surtout comme un épithélium de sécrétion destiné à fournir à l'estomac un liquide digestif. La longueur et la force des cils de cette couche peuvent être regardés comme des moyens de trituration stomacale propres à favoriser l'action des sucs gastriques. Il faut remarquer en effet que la gouttière supérieure de l'estomac tubulaire est occupée dans toute sa longueur par le stylet cristallin, dont j'ai signalé la résistance et le faible degré de compressibilité. Quand les cils vibratiles hyalins, durs, épais, de la couche brune se relèvent, ils appliquent fortement contre la surface dure du cylindre les corps mous ou durs qui sont introduits dans l'estomac. Ces corps consistent surtout en diatomées, en infusoires, en petits crustacés, qui sont protégés, les uns par une frustule à deux valves, les autres par une mince enveloppe chitineuse ou non; et l'on peut penser que les compressions très-repétées et les frottements auxquels ils sont soumis doivent avoir pour effet d'exprimer les matières alibiles contenues sous l'enveloppe. L'action des muscles stomacaux vient sans aucun doute s'ajouter à celles des cils vibratiles pour exprimer les dernières portions de ces matières.

La couche ciliaire épaisse, massive et résistante que j'étudie, doit avoir aussi une influence importante sur la progression des matières contenues dans l'estomac, et elle me paraît par cela même s'opposer à l'arrêt et à la pénétration sur place des particules solides. Aussi, je le répète, n'ai-je jamais trouvé dans l'épaisseur de cet épithélium la moindre trace de ces particules.

Quant à l'épithélium cylindrique à petites cellules des sillons de l'estomac utriculaire et de la gouttière inférieure de l'estomac tubulaire, il est probablement destiné à permettre facilement l'arrivée des matières solubles dans le torrent circulatoire, et ses cils servent à faire progresser les détritus qui doivent être rejetés.

Voici en définitive comment je présume que s'accomplissent les phénomènes de la digestion et de l'absorption dans les diverses régions de l'estomac.

Les diatomées, infusoires, petits crustacés, larves de vers, de mollusques, etc., sont conduits vers l'estomac en suivant la gouttière qui se trouve au bord inférieur de la branchie, et qui est garnie de très-longs cils vibratiles. Ces aliments sont conduits ainsi jusque dans l'intervalle qui sépare les deux tentacules buccaux d'un même côté, et ces derniers les introduisent dans l'estomac, ainsi que nous l'avons vu précédemment. Arrivés dans l'estomac utriculaire, les aliments sont mis en contact avec les produits de sécrétion du foie et des glandes gastriques. Ils sont en partie attaqués par ces sucs ; les matières grasses sont émulsionnées et en partie absorbées. On en trouve en effet des quantités considérables dans les bourrelets d'épithélium à grandes cellules, et c'est ce que montre la *fig*. 3, Pl. XXVII *bis*, où l'on aperçoit la partie profonde de la couche épithéliale. Cette pénétration des globules graisseux dans les interstices des cellules est évidemment provoquée et favorisée par les contractions des parois stomacales. Ces globules graisseux sont ainsi enfoncés entre les cils, et de là dans les intervalles des cellules, où la couche est plus facilement pénétrable.

Les globules cheminent ensuite de la surface à la partie profonde de l'épithélium, soit en vertu de la *vis à tergo*, poussés qu'ils sont par les globules nouvellement introduits, soit par résorption graduelle de la substance intercellulaire molle de la couche épithéliale. Nous les suivrons plus tard dans les couches sous-jacentes de l'estomac.

Les portions d'aliments dissoutes s'écoulent dans les rigoles sinueuses de l'estomac, et y sont en partie absorbées. Les aliments non dissous et non suffisamment divisés tombent également dans ces rigoles et sont conduits par elles jusqu'à l'estomac tubulaire. Ils pénètrent tous dans la gouttière supérieure ou glandulaire de cet estomac, attendu que la gouttière inférieure est fermée par le contact des deux bourrelets latéraux et par le bourrelet médian de l'estomac utriculaire (Pl. XXVII *bis*, *fig*. 1). Là, ces aliments se trouvent soumis à l'action d'un nouveau liquide provenant des cellules brunâtres, et à la pression des cils puissants de cette couche contre le stylet cristallin. Les diatomées sont attaquées, comprimées, et leur endochrome est rendu libre sous forme de gouttelettes jaunâtres.

Les aliments sont malaxés dans le plan courbe compris entre le stylet et la paroi de la gouttière, soit par les cils, soit par les contractions musculaires. Les parties dissoutes peuvent être là en partie absorbées, tandis que les aliments non solubles et les résidus inabsorbables sont conduits par les gouttières obliques et circulaires jusqu'aux bourrelets inférieurs de la gouttière. Ils se trouvent là en présence des grandes cellules. Comprimés entre les deux bourrelets qui s'appliquent l'un contre l'autre, ils pénètrent entre les cellules, s'ils sont d'une ténuité suffisante ; sinon, ils sont rejetés dans la gouttière inférieure lisse, en même temps que les liquides qui proviennent de la gouttière supérieure. Cette gouttière inférieure, tapissée par des cils vibratiles d'une grande activité, les pousse vers l'extrémité postérieure de l'estomac tubulaire et jusqu'à l'orifice pylorique, qui se trouve précisément compris dans cette gouttière et sous le bourrelet droit (Pl. XXVII *bis*, *fig*. 1, 9).

Les sucs non absorbés et les matières non absorbables pénètrent ainsi dans l'intestin, où elles trouvent sur la paroi inférieure deux bourrelets de longues cellules qui passent insensiblement sur le reste de la paroi intestinale à une couche de cellules plus courtes, mais de même nature qu'elles et bien différentes de l'épithélium jaunâtre de l'estomac tubulaire. Dans l'intestin, l'absorption continue, les substances solides pénétrant surtout dans les bourrelets, qui par leur mollesse relative permettent mieux leur introduction. Ces bourrelets en effet renferment des particules insolubles jusqu'en arrière du rectum cardiaque. Enfin les résidus non digestibles sont rejetés par l'anus. Celui-ci se trouve exactement sur le passage de l'eau, qui revenant des branchies va s'engager dans un orifice spécial du manteau.

Il y a donc, dans le tube digestif de la Moule, des formes diverses d'épithélium qui paraissent en rapport avec des fonctions spéciales.

1° Un épithélium brun jaunâtre à cellules volumineuses et à granulations brunes nombreuses, à cils durs, forts, résistants, et que je considère comme un épithélium de sécrétion et d'absorption des matières dissoutes. Je n'ai jamais découvert dans l'intervalle de ces cellules la plus petite parcelle de substance figurée.

2° Un épithélium d'absorption des particules insolubles, et peut-être aussi des substances dissoutes. Il y a toujours dans sa profondeur des particules, des globules non dissous, à moins que l'animal ne soit à jeun depuis plusieurs jours. Le niveau où se trouvent ces particules est d'autant plus profond que l'animal a été retiré depuis plus longtemps du milieu où il vit.

5° Enfin un épithélium à petites cellules vibratiles, à cils très-actifs, produisant à l'œil, sous l'objectif du microscope, l'aspect d'un fleuve qui s'écoule à flots pressés. Il me paraît être un épithélium d'absorption des liquides, et plus spécialement un épithélium conducteur des corps non absorbables et des détritus qui doivent être rejetés.

A ces trois espèces d'épithélium on peut en ajouter une quatrième formée par les cellules épithéliales renflées en massue, que l'on trouve çà et là dans le fond des sillons qui séparent les mamelons à longues cellules.

Je dois maintenant parler du trajet que suivent les particules solides absorbables quand elles ont atteint la base de l'épithélium des bourrelets.

Ces particules, réunies en petites masses fusiformes, ont cheminé entre les longues cellules jusqu'à la couche conjonctive qui revêt les muscles du tube digestif, et qui est pourvue par places de gros noyaux. Elles pénètrent à travers cette couche, et ensuite à travers la couche musculaire, comme des corps étrangers qui cheminent dans l'organisme, produisant la résorption des parties les moins résistantes, et suivant un trajet qui leur est tracé par la position même de ces parties. Elles passent à côté des petites artères, vrais capillaires qui se trouvent dans les parois intestinales, et notamment dans la couche musculaire. Il est peu probable qu'elles pénètrent dans ces vaisseaux, où la pression cardiaque se fait sentir dans une certaine mesure. Dans tous les cas, il ne m'a pas été possible de rien constater à cet égard; mais ce que j'ai pu voir nettement sur des Moules examinées en pleine digestion, peu de temps après la pêche et alors que le tube digestif était bourré de matières alimentaires, c'est qu'après avoir traversé les muscles, ces espèces de fuseaux alimentaires pénétraient dans la couche de tissu lacunaire qui enveloppe le tube digestif, mais qui est plus particulièrement épaisse et développée au niveau des bourrelets et des saillies à grandes cellules (Pl. XXVII *bis*, *fig.* 3, 4; Pl. XXVII *ter*, *fig.* 1, 4).

Cette couche de tissu lacunaire m'a présenté du reste deux aspects bien différents selon que je l'examinais sur un animal à jeun depuis plusieurs jours, ou sur un animal en pleine digestion. Sur un animal à jeun, ce tissu était formé de trabécules de tissu conjonctif fibrillaire (Pl. XXVII *ter*, *fig.* 2,

3, 3, 3) qui limitaient des intervalles plus ou moins réguliers et arrondis, formant des lacunes 1, 1, 1 dans lesquelles se déversait le sang à la sortie du système capillaire. Ces bandes ou trabécules renfermaient un petit nombre de noyaux pourvus de plusieurs nucléoles brillants, et dont quelques-uns, placés sur les bords mêmes des trabécules et faisant saillie dans la cavité de la lacune, semblaient près de tomber dans le courant sanguin.

Sur une Moule bien nourrie et prise en pleine digestion, l'aspect était différent : la structure fibrillaire des trabécules était insaisissable et masquée par une accumulation extraordinaire de noyaux fortement pressés les uns contre les autres (Pl. XXVII ter, *fig.* 1), limitant les lacunes veineuses 4, 4. Ces noyaux avaient généralement 0^{mm},01 de diamètre. Sur la limite externe du tissu périphérique du tube digestif, la quantité de noyaux décroissait et la structure fibrillaire redevenait évidente. C'est ce qui se voit nettement dans la *fig.* 1, Pl. XXVII ter, qui représente la coupe d'une saillie de l'estomac où le tissu lacunaire sous-jacent à la couche musculaire présente les deux aspects que je viens de décrire ; au centre de ce mamelon se trouvent deux artères 3, 3 qui se distinguent des lacunes par leur enveloppe musculaire. Le tissu lacunaire est limité à l'extérieur par des tubes hépatiques.

La *fig.* 3 de la Pl. XXVII *bis* représente la partie profonde de l'épithélium de cette saillie stomacale, ainsi qu'une partie de la couche musculaire, exagérée par le dessin, et un fragment du tissu lacunaire sous-jacent. Elle représente également, sur cet animal observé en pleine digestion, l'aspect et la marche des fuseaux de corpuscules insolubles ; ces fuseaux traversent la couche de tissu conjonctif sous-épithélial, la couche musculaire, et pénètrent enfin dans les trabécules du tissu lacunaire, dans lequel ils deviennent plus étroits et se réduisent à des traînées presque linéaires. On comprend qu'il n'est pas possible de les suivre plus loin.

Il me semble permis de comparer ce tissu conjonctif lacunaire qui entoure le tube digestif, mais dont la couche s'épaissit généralement au-dessous des bourrelets épithéliaux à longues cellules ; il me semble, dis-je, permis de le comparer au tissu *adénoïde* des follicules de Peyer et des ganglions lymphatiques de l'intestin des vertébrés. On est conduit à penser, en effet, que la pénétration des liquides nutritifs et des corpuscules graisseux dans les trabécules de ce tissu y produit, pendant la digestion, comme dans le tissu *adénoïde* ci-dessus, une prolifération abondante de noyaux et de corpuscules qui, s'échappant des trabécules, tombent dans les lacunes sanguines pour former les globules du sang. Il y aurait donc, autour du tube intestinal, et plus particulièrement au niveau des bourrelets épithéliaux à longues cellules, un tissu représentant le *système chylifère* des vertébrés, avec les différences que comporte la simplicité de l'organisme chez les mollusques, et le défaut d'une distinction entre le système des vaisseaux sanguins et le système des vaisseaux lymphatiques.

Le *foie*, que je décris ici comme annexe du tube digestif, occupe la partie antérieure de la masse viscérale, et entoure entièrement l'estomac utriculaire, une petite portion de l'estomac tubulaire, et l'anse antérieure formée par une partie de l'intestin récurrent et de l'intestin terminal (Pl. XXVII, *fig*. 3, 9, 9). Il s'étend en arrière jusqu'au voisinage du péricarde, et est formé de lobules qui sont eux-mêmes décomposables en acini glandulaires allongés. C'est une véritable glande en grappe dont les canaux excréteurs se réunissent successivement pour venir déboucher dans l'estomac utriculaire.

Les tubes glandulaires sont constitués par une membrane externe conjonctive mince, par une couche de cellules internes (Pl. XXVII *ter*, *fig*. 1, 1). Ces cellules, dépourvues d'enveloppe, doivent à leur pression réciproque une forme prismatique (Pl. XXVII *bis*, *fig*. 17 ; Pl. XXVII *ter*, *fig*. 1, 1). Elles se distinguent difficilement l'une de l'autre ; on peut pourtant les isoler, et l'on remarque alors qu'elles sont formées par un protoplasma jaune verdâtre renfermant des granulations plus foncées et de nombreux globules graisseux. Au centre de la cellule se trouve un noyau à granulations jaunes verdâtres. Ces cellules ont de $0^{mm},01$ à $0^{mm},02$.

Les tubes ou acini glandulaires sont séparés entre eux par des espaces lacunaires dans lesquels circule le liquide sanguin (Pl. XXVII *ter*, *fig*. 7, 1).

Note. Soixante-deux examens provenant du contenu de l'estomac de Moules arrivant des Martigues (étang de Berre), examens faits par mon ami M. Guinard, si compétent pour tout ce qui a trait à l'histoire des Diatomacées, ont donné le résultat suivant:

DIATOMACÉES.

Achnanthes longipes (Agardh).
Achnanthes brevipes (Agardh).
Amphipleura sigmoïdea (Smith).
Amphitetras antediluviana (Ehrenberg).
Amphora robusta (Grégory).
Bacillaria paradoxa (Gmelin).
Biddulphia pulchella (Gray).
Cocconeis scutellum (Ehrenberg).
Coscinodiscus excentricus (Ehrenberg).
Coscinodiscus radiatus (Ehrenberg).
Grammatophora marina (Kützing).
Navicula didyma (Ehrenberg).
Navicula nitescens (Grégory).
Nitzschia sigma (Smith).
Pinnularia cyprinus (Ehrenberg).
Pleurosigma formosum (Smith).
Pleurosigma strigosum (Smith).
Rhabdonema arcuatum (Kützing).
Rhipidophora paradoxa (Kützing).
Synedra gracilis (Smith).

Nombreuses spicules d'éponges.
Débris nombreux de petits entomostracés.
Fragments d'ulves.
Filaments de Bangia.
Nématoïdes (Stenolaimus lepturus, Marion).
Spicules de Gorgones.

On trouve également des infusoires, des œufs d'animaux inférieurs, de petites larves, etc.

V.

APPAREIL DE LA CIRCULATION.

L'appareil de la circulation chez la Moule présente quelques particularités dignes d'être signalées. Je compte du reste ici donner une description détaillée de cet appareil, faire une étude histologique de ses diverses parties

5

et indiquer aussi les moyens d'étude. Cette dernière partie ne pourra être traitée qu'après l'étude descriptive, c'est-à-dire quand le nom et la disposition des parties seront assez connus du lecteur pour qu'il puisse comprendre les indications données pour le choix des vaisseaux qui doivent être le point de départ des injections.

CŒUR ET PÉRICARDE. — Le cœur est situé à la région dorsale, immédiatement en arrière de l'extrémité postérieure de la charnière (Pl. XXIII, *fig.* 1, 7; Pl. XXIV, *fig.* 1, 3, *fig.* 2, *fig.* 3, 1). Il se compose d'un ventricule et de deux oreillettes. Le ventricule est fusiforme à l'état de plénitude moyenne; il devient ovoïde lorsqu'il est bien distendu par une injection. Son extrémité antérieure correspond à l'embouchure de l'aorte (Pl. XXIV, *fig.* 2, 1'; Pl. XXIII, *fig.* 1); son extrémité postérieure est fermée, et forme un cul-de-sac au-dessous de l'intestin rectal, qui, comme nous l'avons vu, traverse la cavité du cœur d'avant en arrière. Il résulte de là que l'embouchure de l'aorte est au-dessus du rectum quand celui-ci pénètre dans le cœur, tandis que le cœcum postérieur du cœur est au-dessous du rectum quand celui-ci en sort.

Les oreillettes sont placées d'une manière symétrique de chaque côté du ventricule, qu'elles enveloppent en partie. Ce sont deux masses de couleur brune à surface très-mamelonnée (Pl. XXIII, *fig.* 1, 12; Pl. XXIV, *fig.* 1, *fig.* 2, *fig.* 3; Pl. XXV, *fig.* 1, *fig.* 3), présentant une cavité centrale entourée de nombreux diverticula ou culs-de-sac qui font saillie à la surface. Chacune des oreillettes communique d'une part avec le ventricule, et d'autre part avec le vaisseau qui remonte obliquement de bas en haut et d'arrière en avant, et auquel j'ai donné le nom de *veine afférente oblique.*

L'oreillette communique avec le ventricule par un goulot très-étroit (Pl. XXIV, *fig.* 1), auquel correspond un petit orifice en forme de boutonnière verticale 4, pourvu de deux valvules sigmoïdes qui permettent le passage du sang de l'oreillette dans le ventricule, et s'opposent à son retour.

La *veine afférente oblique* (Pl. XXIV, *fig.* 2, 5, *fig.* 3, *fig.* 4, 1; Pl. XXIII, *fig.* 1, 13) s'abouche largement dans l'oreillette, en bas et en avant de cette cavité. Cette veine s'élargit à ce niveau en entonnoir et forme en réalité l'oreillette par sa dilatation. Je reviendrai sur ces rapports quand je décrirai la veine afférente oblique.

Enfin l'oreillette, qui est libre dans le péricarde par la presque totalité de sa surface, adhère par la partie postérieure de son bord inférieur à la paroi externe de la cavité péricardique. Ces adhérences sont formées par de petits vaisseaux veineux assez nombreux qui viennent des parties voisines du manteau et qui se jettent directement dans l'oreille (Pl. XXIV, *fig.* 2).

La cavité péricardique, dans laquelle se trouvent logés le ventricule et les oreillettes, présente la forme d'un parallélipipède aplati de haut en bas, et à angles arrondis (Pl. XXVII, *fig.* 3). Son plancher est formé, comme nous l'avons vu, par l'estomac tubulaire et par l'intestin récurrent, placés parallèlement, l'un à gauche, l'autre à droite, et plongés dans du tissu conjonctif parcouru par des portions de la glande génitale. Les parois externes et supérieure du péricarde sont formées par une membrane mince, transparente, qui se continue sur toute sa circonférence avec le corps de l'animal (Pl. XXIV, *fig.* 1, 2).

Le péricarde est lui-même recouvert supérieurement et sur la ligne médiane, par le raphé du manteau et ses deux bandes musculaires (Pl. XXIV, *fig.* 1), et latéralement par une portion très-amincie du manteau, qui ne renferme pas ordinairement de portion de la glande génitale. Cela permet de voir les mouvements du cœur à travers les deux membranes qui le recouvrent, dès qu'on a détaché l'animal de la coquille.

Le péricarde renferme toujours du liquide, et sa cavité, loin d'être complétement fermée, présente de chaque côté, près de l'extrémité antérieure de son plancher, un large orifice (Pl. XXIII, *fig.* 1; Pl. XXIV, *fig.* 1, *fig.* 2, *fig.* 3; Pl. XXV, *fig.* 3; Pl. XXVII, *fig.* 3) qui fait communiquer le péricarde avec un conduit placé au-devant de la veine afférente oblique, conduit auquel j'ai donné le nom de *couloir* (Pl. XXIV, *fig.* 2 et 3, 4), et sur lequel nous aurons à revenir.

ARTÈRES. — Le ventricule ne fournit pas de vaisseau par son extrémité postérieure ; il en résulte que, contrairement à ce qui se passe chez la plupart des mollusques lamellibranches, il n'y a pas d'*aorte postérieure*, et les vaisseaux, soit intestinaux, soit palléaux postérieurs, qui naissent ordinairement de cette dernière, proviennent, chez la Moule, d'un tronc commun qui naît de la face inférieure du *bulbe aortique.*

De l'extrémité antérieure du ventricule naît l'aorte antérieure (Pl. **XXIII,** *fig.* 1), qui commence par un renflement ou *bulbe.* Entre le bulbe et le ventricule se trouve un rétrécissement pourvu de valvules sigmoïdes qui s'opposent au retour du sang dans le ventricule.

Le bulbe aortique (Pl. **XXIII,** *fig.* 5, 1) naît immédiatement au-dessus et au-devant du point où le rectum cardiaque 5 pénètre dans le ventricule 4.

Le bulbe donne immédiatement naissance à plusieurs gros vaisseaux, et se rétrécit ensuite pour former l'aorte antérieure, qui suit le bord supérieur du corps au-dessous de la charnière (Pl. **XXIII,** *fig.* 1), et qui là est tout à fait superficielle et peut facilement être distinguée, comme une bande de deux millimètres de largeur, transparente et légèrement sinueuse. Quand elle est injectée, l'aorte fait sur le bord supérieur du corps une saillie très-marquée. Elle est protégée dans tout son parcours par la charnière et son ligament. Au niveau de l'extrémité antérieure de ce dernier, l'aorte se bifurque et forme deux gros troncs qui se portent un peu à côté de la ligne médiane et suivent un parcours identique des deux côtés.

De la face inférieure du bulbe naît un gros tronc très-court qui se divise immédiatement en un bouquet de trois troncs secondaires (Pl. **XXIII,** *fig.* 2, 10). On peut lui donner le nom de *tronc cœliaque.* Il fournit d'abord deux gros troncs très-courts et latéraux, ou artères *gastro-intestinales* (Pl. **XXIII,** *fig.* 5, 2, 2), et un petit tronc médian 3, ou *artère péricardique.*

L'artère péricardique (Pl. **XXIII,** *fig.* 5, 9, *fig.* 2, 9, *fig.* 4, 8) se porte immédiatement en arrière, en suivant la partie moyenne du plancher du péricarde. Elle est d'un moyen calibre. Comme elle est superficiellement située, on l'aperçoit sur les sujets injectés, dès qu'on a ouvert le péricarde et repoussé le cœur sur le côté. Elle fournit à droite et à gauche de petits vaisseaux qui se distribuent au plancher du péricarde, c'est-à-dire à la portion correspondante de l'estomac tubulaire et de l'intestin récurrent, au tissu conjonctif et à la portion des glandes génitales qui se trouvent dans cette région. Elle se termine postérieurement sur l'origine du rectum terminal. La *fig.* 3, Pl. **XXIII,** dans laquelle le rectum cardiaque 3, dépouillé du ventricule, a été détaché du rectum terminal 4 et soulevé, permet de se rendre compte de la distribution de cette artère péricardique.

Les troncs *gastro-intestinaux* sont beaucoup plus volumineux; ils sont très-courts et se divisent en artères *gastro-intestinales antérieures* et en artères *gastro intestinales postérieures*.

Les artères gastro-intestinales antérieures (Pl. XXIII, *fig*. 2, 4, 4', *fig*. 4, 6, 6') se portent immédiatement en avant, et forment deux troncs parallèles antéro-postérieurs. Peu après leur origine, elles fournissent chacune une longue artère *récurrente* (Pl. XXIII, *fig*. 2, 5, 5, *fig*. 4, 10, 10) qui se porte d'abord en dehors et ensuite directement en arrière. Ces artères ont un long trajet : situées dans la partie supérieure des parois de la cavité des flancs, elles atteignent et dépassent la limite postérieure de cette cavité. Elles fournissent successivement des branches qui se distribuent aux parois interne et externe de la cavité des flancs, mais surtout à la paroi externe, qui renferme, comme nous l'avons vu, plusieurs faisceaux de muscles et des portions des glandes génitales. Les terminaisons inférieures de ces branches se distribuent à la bosse de Polichinelle. La *fig*. 4 de la Pl. XXIII, où les cavités des flancs ont été ouvertes supérieurement, montre la distribution de ces vaisseaux récurrents.

Après avoir fourni ces artères récurrentes, les artères gastro-intestinales antérieures se portent en avant de chaque côté de l'estomac tubulaire, auquel elles fournissent des branches, et s'épanouissent enfin en un bouquet de rameaux qui se distribuent à l'estomac utriculaire et à la portion voisine de l'intestin récurrent.

Les artères gastro-intestinales postérieures sont volumineuses (Pl. XXIII *fig*. 2, 6, 7, *fig*. 4, 7, 9). Elles diffèrent un peu à droite et à gauche, ce qui tient à leur position symétrique de chaque côté de l'estomac tubulaire et à la présence de l'intestin récurrent à la droite de ce dernier. L'artère gastro-intestinale postérieure gauche se porte à gauche de l'estomac tubulaire, qu'elle suit jusqu'à sa terminaison postérieure (Pl. XXIII, *fig*. 2, 6, *fig*. 4, 7). Elle fournit, chemin faisant, une série de petites branches qui se détachent à angle droit et qui se ramifient sur la moitié gauche de cet estomac. L'artère gastro-intestinale droite est plus volumineuse; elle se place à droite de l'estomac tubulaire (Pl. XXIII, *fig*. 2, 7, *fig*. 4, 9). Elle est située dans la gouttière formée par le parallélisme de l'estomac tubulaire et de l'intestin récurrent (Pl. XXVII, *fig*. 3, 4), et se trouve profondément cachée. Pour la découvrir, il faut détacher le rectum terminal et écarter ensuite l'intestin récurrent de l'estomac tubulaire. Peu après son origine, elle fournit ordinairement une ou deux grosses branches collatérales qui, se portant à droite, passent au-dessous de l'intestin récurrent en croisant sa direction, et qui, longeant ensuite le côté droit de celui-ci, viennent former une artère *intestinale* symétrique à l'artère gastro-intestinale postérieure gauche (Pl. XXIII, *fig*. 2, 8). Cette artère se distribue à la portion correspondante de l'intestin récurrent. Quant à l'artère gastro-intestinale postérieure droite, elle fournit successivement des rameaux à la moitié droite de l'estomac tubulaire et à la moitié gauche de l'intestin récurrent. Quelques rameaux assez importants se portent en haut sur le rectum terminal (Pl. XXIII, *fig*. 3, 7, 7), et s'y anastomosent entre eux, pour former un tronc longitudinal qui fournit des artérioles au rectum et se prolonge jusqu'à l'anus.

Un peu en arrière de l'origine du tronc cœliaque, le bulbe aortique fournit latéralement de chaque côté un tronc volumineux qui, quoique donnant quelques rameaux au foie, mérite surtout le nom de *grande artère palléale* (Pl. XXIII, *fig*. 1, 9, *fig*. 5). Cette artère, d'abord noyée dans le tissu parenchymateux qui enveloppe le bulbe, devient bientôt superficielle et très-facile à voir, même sans injection, sur la face externe du foie, un peu au-devant du péricarde et du couloir péricardique. Sa situation est très-utile à connaître, car on peut la choisir pour point de départ des injections du système artériel, et, comme elle est d'un calibre assez considérable, elle permet d'obtenir de fort beaux résultats sans détériorer l'animal. J'indiquerai plus tard la manière dont il faut opérer.

L'artère grande palléale se divise ordinairement, peu après son origine, en deux troncs d'une importance relative variable. Ces troncs sont sinueux et se portent l'un et l'autre en bas et en arrière. L'antérieur se distribue à la partie antérieure et moyenne du manteau, le postérieur à la partie moyenne et postérieure. Ils fournissent d'abord l'un et l'autre quelques rameaux hépatiques, et ensuite des branches palléales nombreuses qui se subdivisent à leur tour dans toute l'étendue du manteau, pour y former le réseau lacunaire palléal. Je dois faire remarquer que c'est à la *face externe* du manteau que se trouvent les artères palléales. Sur un manteau épaissi et rendu opaque par le développement des glandes génitales à l'époque de la reproduction, les artères injectées ne se voient pas sur la face interne du manteau; elle n'apparaissent que sur la face externe. Les troncs veineux, au contraire, ne sont visibles que sur la face interne.

Après avoir fourni les artères grandes palléales, l'aorte donne naissance à plusieurs artères *hépatiques*, ordinairement au nombre de trois de chaque côté (Pl. XXIII, *fig.* 1, 9′, 9″, 9‴). Ce sont des troncs très-courts se détachant par paires et à angle droit du tronc aortique, et se distribuant dans le foie. Quelques petits rameaux dépassant la région du foie vont aussi se distribuer dans la portion voisine du manteau 9′.

Les deux artères *terminales* de l'aorte se séparent à angle très-aigu (Pl. XXIII, *fig.* 1, 9‴′), et se portent en bas et en avant jusqu'au sommet du capuchon formé antérieurement par le manteau. Là, elles se recourbent en arrière et se terminent en fournissant plusieurs vaisseaux. Il arrive assez souvent que la troisième artère hépatique 9‴ naît d'une des artères terminales de l'aorte. Après, naissent de petits vaisseaux destinés au capuchon palléal et au bord antérieur de l'ouverture du manteau.

L'artère terminale de l'aorte fournit, pour chacun des tentacules buccaux, une artère assez importante qui en suit le bord libre supérieur ou lisse (Pl. XXIII, *fig.* 9, 5, et *fig.* 10, 1, *fig.* 6, 10), et qui donne, surtout par le bord inférieur, une série très-élégante de petits vaisseaux sinueux et parallèles qui se distribuent dans le tentacule. Il y a donc quatre artères *tentaculaires*.

Les *aortes terminales* fournissent encore des artères destinées à la partie antérieure du corps, aux lèvres buccales, aux muscles rétracteurs antérieurs du pied, au pied lui-même, etc.

Le muscle adducteur postérieur des valves est vascularisé par des rameaux postérieurs de la grande palléale et par des rameaux des artères gastro-intestinales postérieures.

VEINES. — Les voies de retour du sang au cœur sont beaucoup plus complexes et bien plus difficiles à étudier que les artères. Sur leur parcours se trouvent deux systèmes particuliers qui méritent chacun une étude spéciale, et sur lesquels je reviendrai après l'étude de l'appareil circulatoire; je veux dire les branchies ou organes de la respiration, et le corps de Bojanus ou organe de l'excrétion urinaire. Pour le moment, je me bornerai à quelques indications générales sur la circulation spéciale dont ces organes sont le siége.

Le sang qui revient des diverses parties du corps suit des trajets très-différents suivant les organes; mais, après avoir suivi des voies diverses, la plus grande partie du sang vient se réunir dans des canaux communs qui aboutissent directement au cœur; c'est par ces canaux collecteurs que je vais commencer la description du système veineux.

Il y a de chaque côté du corps un grand vaisseau oblique de haut en bas et d'avant en arrière, et qui, partant de l'oreillette, dans laquelle il s'abouche largement, va s'ouvrir dans un grand vaisseau horizontal placé au niveau du bord adhérent du manteau et de la base des branchies. Le vaisseau oblique auquel j'ai donné le nom de *veine afférente oblique du cœur* (Pl. XXIV, *fig*. 1, 9, *fig*, 2, 5, *fig*. 4, 1; Pl. XXVII, *fig*. 1, 1), est renfermé dans le *couloir péricardique* du corps de Bojanus, couloir que nous avons déjà vu (Pl. XXIV, *fig*. 1, *fig*. 2, 4, *fig*. 5, 4, *fig*. 4, 2). Elle adhère à la paroi externe et lisse du couloir par le tiers postéro-externe de sa circonférence environ, les deux autres tiers étant libres et faisant saillie dans le couloir péricardique. Ces deux tiers antéro-internes sont en grande partie occupés par des inégalités ou saillies mamelonnées exactement semblables à celles de l'oreillette, dont elles ne sont du reste que la continuation directe. Ces saillies ont aussi, comme l'oreillette, une coloration brunâtre qui s'aperçoit parfaitement dès qu'on a enlevé la coquille, grâce à la transparence de la paroi externe du couloir péricardique. La veine afférente oblique se trouve donc divisée nettement suivant sa longueur en deux portions distinctes: l'une postérieure et externe, lisse et incolore, en grande partie adhérente, et l'autre antérieure, inégale, mamelonnée, de couleur brune, qui est entièrement libre et plongée dans le liquide du couloir péricardique.

Inférieurement, la veine afférente oblique s'évase un peu, et s'abouche obliquement avec un grand canal veineux que j'ai déjà désigné sous le nom de veine *longitudinale*, et qui doit être divisé en deux parties: la partie postérieure ou veine *longitudinale postérieure* (Pl. XXIV, *fig*. 2, 6, *fig*. 5, 6, *fig*. 4, 3; Pl. XXVII, *fig*. 1, 3), et la partie antérieure ou *veine longitudinale antérieure* (Pl. XXIV, *fig*. 2, 6′, *fig*. 5, 6′, *fig*. 4, 8; Pl. XXVII, *fig*. 1, 3′).

La veine longitudinale antérieure se distingue, même sans injection, à la surface externe du corps, après qu'on a détaché la coquille. Son trajet correspond exactement à la base de la branchie ; il est marqué en gris (Pl. XXIII, *fig*. 1. Elle commence antérieurement par une extrémité légèrement recourbée et étroite, et se porte ensuite horizontalement en arrière, en prenant progressivement un calibre plus considérable. C'est un canal aplati de dehors en dedans, et qui a par conséquent deux parois, l'une externe et l'autre interne. La paroi externe est formée par du tissu conjonctif. Elle est lisse et présente quelquefois, à la partie supérieure seulement, quelques plaques de tissu bojanien brun verdâtre (Pl. XXVII⁵, *fig*. 2, *fig*. 5) (1). La paroi interne est lisse. Elle est formée par une membrane transparente à travers laquelle on aperçoit la partie supérieure des filets branchiaux, auxquels elle adhère (Pl. XXIV, *fig*. 2 et 5, 6, *fig*. 4, 5, *fig*. 5, 4). Sur la paroi externe de cette veine longitudinale antérieure viennent adhérer des organes spéciaux qui prennent naissance sur le manteau, et que je décrirai plus tard sous le nom d'*organes godronnés* (Pl. XXIV, *fig*. 2, 8).

La veine longitudinale postérieure a une forme moins régulière que la précédente. Tandis que celle-ci s'abouche dans la *veine afférente oblique* en faisant un angle très-aigu, la veine longitudinale forme avec la veine afférente oblique un angle si obtus qu'elle en est pour ainsi dire la continuation directe. Cette veine présente une cavité très-irrégulière, très-anfractueuse et très-variable suivant les sujets (Pl. XXVII⁵, *fig*. 1, 1, 1, 1) On y distingue généralement une cavité centrale avec laquelle communiquent des cavités ou anfractuosités secondaires ; mais cette cavité centrale est très-variable dans ses dimensions et dans sa capacité, relativement aux anfractuosités qui en dépendent. Ainsi, nous voyons dans la *fig*. 4 de la Pl. XXIV une veine longitudinale postérieure dont la cavité centrale ou confluente est très-distincte, très-vaste, et s'étend jusqu'au muscle adducteur postérieur des

---

(1) La Pl. XXVII⁵ ne paraîtra que dans le prochain fascicule de l'Académie.

valves. Le sujet de la *fig.* 2, au contraire, avait une cavité centrale plus courte, plus réduite. Il existe même des cas où la veine longitudinale est si anfractueuse, si subdivisée dès son origine, qu'on a de la peine à la reconnaître comme un vaisseau; c'est plutôt un tissu caverneux ou spongieux. Ce qui frappe dans sa structure, c'est que ses parois sont presque partout tapissées par le tissu de l'organe de Bojanus, qui s'y subdivise en languettes, en lobes, en saillies, en lames dirigées dans tous les sens. Ce sont ces lames qui donnent à la cavité de la veine longitudinale postérieure cette structure spongieuse, et qui subdivisent sa cavité en cavités secondaires communiquant plus ou moins les unes avec les autres.

Les *fig.* 4 et 5 de la Pl. XXV représentent une portion de la paroi externe de la veine sur laquelle sont situés plusieurs groupes de lobes ou culs-de-sac bojaniens. Sur cette paroi externe viennent s'insérer, comme sur la veine longitudinale antérieure, les organes godronnés de la partie correspondante du manteau (Pl. XXIV, *fig.* 2, 8, *fig.* 3, 8, *fig.* 4, 6; Pl. XXV, *fig.* 4, *fig.* 5).

Le sang du manteau revient par les veines *palléales ascendantes*, qui sont placées à sa face interne et qui y forment des arborisations très-élégantes dont les branches présentent entre elles des angles très-aigus (Pl. XXV, *fig.* 3). Les ramuscules d'origine proviennent de la région des muscles palléaux par de petites lacunes capillaires parallèles aux fibres de ces muscles 7. Ces premiers ramuscules se réunissent successivement et constituent des troncs ascendants sinueux dont le calibre croît de bas en haut. Quelques-uns de ces troncs commencent inférieurement, non pas uniquement par des lacunes capillaires, mais par un tronc déjà constitué et qui s'abouche dans le sinus *veineux marginal*, sur lequel je reviendrai (*fig.* 3, 6). La direction des veines palléales ascendantes est verticale pour celles des parties moyenne et antérieure du manteau. Elle devient de plus en plus oblique de bas en haut et d'arrière en avant, à mesure que l'on s'approche de la partie postérieure du manteau, où elle est entièrement horizontale.

Arrivées au voisinage du bord adhérent du manteau, les veines palléales ascendantes se jettent dans un grand sinus veineux horizontal qui occupe toute la longueur antéro-postérieure du manteau (Pl. XXVII, *fig.* 1, 5, 5, 5; Pl. XXV, *fig.* 3) : c'est la veine *horizontale* du manteau.

Cette veine commence en avant par une extrémité très-fine, et s'élargit d'avant en arrière. Au voisinage du muscle adducteur postérieur, son calibre est relativement considérable. Elle est très-sinueuse et forme inférieurement des angles aigus, qui sont plus ou moins prononcés suivant les sujets. C'est à ces angles que viennent s'aboucher les troncs des veines palléales ascendantes (Pl. XXVII, *fig*. 1).

Du bord supérieur de la veine longitudinale du manteau, depuis l'extrémité antérieure jusqu'au niveau du muscle adducteur postérieur des valves, naît une série de petits troncs veineux, inférieurs pour le calibre, mais supérieurs pour le nombre, aux veines palléales ascendantes. Ces troncs, logés à la face profonde du manteau (Pl. XXVII. *fig*. 1, *fig*. 1', 1), reçoivent eux-mêmes le sang des lacunes de la région correspondante du manteau, et se divisent bientôt en un bouquet de petites veines parallèles qui remontent supérieurement et occupent le bord supérieur ou externe de l'un des organes godronnés que j'ai déjà signalés. Ce petit vaisseau lacunaire communique largement avec la cavité du corps godronné (Pl. XXVII, *fig*. 2, 5) par son bord interne, et avec des lacunes capillaires du manteau par son bord externe (*fig*. 2, 6).

Le corps godronné conduit le sang dans la veine longitudinale et le met en contact avec l'organe de Bojanus, surtout en arrière (Pl. XXVII[s], *fig*. 1, 5). Ce sang, ou bien pénètre directement de l'organe godronné dans la veine longitudinale, et c'est ce qui a lieu surtout pour la veine longitudinale antérieure; ou bien il n'y pénètre qu'après avoir traversé en grande partie l'organe de Bojanus, ce qui a lieu pour la veine longitudinale postérieure. De la veine longitudinale, le sang retourne au cœur par la veine afférente oblique. Il résulte de là qu'une grande partie du sang qui revient du manteau se rend directement au cœur sans traverser les branchies. C'est là un fait important, que je signale en passant pour y revenir plus tard. Ce fait est établi, et par l'étude des injections, et par les insufflations de la veine longitudinale, qui remplissent immédiatement d'air les corps godronnés, la veine horizontale du manteau et les veines palléales ascendantes ; ce qui prouve bien qu'il y a une communication directe entre ces vaisseaux, et que les organes godronnés déversent une partie de leur sang dans la grande veine longitudinale.

A partir du muscle adducteur postérieur des valves, les organes godronnés cessent d'exister, et la grande veine palléale horizontale contracte de nouveaux rapports. Elle reçoit toujours inférieurement les veines palléales ascendantes, et près de l'extrémité postérieure les veines de la lèvre interne ou papillaire du bord du manteau (Pl. XXIII, *fig*. 6, 2; Pl. XXVII, *fig*. 1, 11); mais supérieurement elle reçoit une veine très-importante ou veine *anastomotique* (Pl. XXVII, *fig*. 1, 8), qui se porte obliquement de bas en haut et d'arrière en avant, et qui, passant sous le muscle adducteur postérieur des valves (Pl. XXIII, *fig*. 6, 3), va se jeter dans la partie postérieure de l'organe de Bojanus et de la veine longitudinale postérieure (*fig*. 6, 6, 6). Cette veine anastomotique reçoit, chemin faisant, les sinus veineux transversaux placés entre les faisceaux du muscle adducteur postérieur des valves. Elle reçoit également les veines des membranes anales supérieure et inférieure du manteau (Pl. XXIII, *fig*. 6, 13).

Un peu en avant du muscle adducteur postérieur des valves, la veine horizontale du manteau reçoit une veine importante provenant des sinus veineux compris entre les faisceaux de ce muscle adducteur (Pl. XXVII, *fig*. 1, 6); et comme ces sinus (nous venons de le voir) communiquent d'autre part avec la veine anastomotique, et par suite avec la veine longitudinale postérieure, il en résulte que cette veine du muscle adducteur constitue avec la veine anastomotique une double voie de communication entre la veine longitudinale postérieure et la veine horizontale du manteau.

Enfin, postérieurement, la veine horizontale du manteau vient s'aboucher dans un sinus veineux qui occupe le bord libre du manteau ou *sinus marginal* du manteau (Pl. XXVII, *fig*. 1, 9, 10; Pl. XXIII, *fig*. 6, 1).

Ce sinus marginal occupe tout le bord libre du manteau. Très-étroit en avant, il s'élargit progressivement en arrière et acquiert un calibre assez considérable. Il relie pour ainsi dire toutes les veines palléales. Occupant le bord même du manteau, il est caché sous le repli corné qui continue en dedans l'enveloppe cornée de la coquille, et qui recouvre, en y adhérant, la lèvre lisse ou externe du bord du manteau. Quand les muscles palléaux se contractent, cette lèvre lisse et l'enveloppe cornée sont tirées, tendues, et la veine marginale est aplatie et vidée. Nous verrons quelle est la conséquence de ce fait.

Le sang qui revient des organes digestifs, de l'estomac, des intestins, du foie, se porte vers l'organe de Bojanus, qui est longitudinalement placé

depuis le voisinage de la bouche jusqu'à la partie antéro-inférieure du muscle
adducteur. Les veines du foie sont de véritables lacunes interlobulaires
entourant les tubes glandulaires (Pl. XXVII *ter, fig.* 7, 1). Elles versent le
sang dans l'organe de Bojanus en suivant des voies lacunaires du tissu conjonctif. (Pl. XXVIII⁵, *fig.* 3, 9). Celles qui proviennent de la partie profonde
et supérieure du foie se portent en bas et en dehors et se jettent dans le
réseau sanguin du tissu bojanien; celles qui proviennent de la partie inférieure
et surtout superficielle (Pl. XXIII, *fig.* 6; Pl. XXVII *ter, fig.* 7, 1, 2) pénètrent dans des piliers saillants situés à la surface du foie (Pl. XXVII *ter,
fig.* 6, 1, *fig.* 7, 3; Pl. XXVII⁵, *fig.* 2, 7, *fig.* 3, 8), au voisinage de la base
de la branchie, et trouvent là le tissu bojanien, avec lequel elles entrent en
rapport. C'est ce que démontrent clairement les injections et les coupes
faites sur un animal injecté et durci.

La partie antérieure du corps comprise entre la base des tentacules buccaux et les muscles rétracteurs postérieurs du byssus présente superficiellement, entre les saillies des muscles rétracteurs du pied et du byssus, des intervalles ou cavités qui sont de vastes sinus veineux que je désigne sous le nom
de *sinus intermusculaires.* De ces sinus, l'un impair médian, le plus volumineux, est entre les deux muscles rétracteurs antérieurs du pied; deux autres,
pairs, sont en dehors de ces muscles, et deux autres, également pairs, sont
entre le muscle rétracteur postérieur du pied et les muscles du byssus. Ils
sont en communication, d'une part avec les veines du foie, du pied et des
organes voisins, et d'autre part avec le réseau superficiel très-délicat qui se
rend, soit dans les piliers bojaniens de la région hépatique, soit dans les veines
de la bosse de Polichinelle. Nous verrons quelles sont leurs relations
importantes avec l'appareil aquifère.

Le sang qui provient de la bosse de Polichinelle se réunit dans des vaisseaux lacunaires qui s'abouchent successivement d'une manière dendroïde
pour former ordinairement trois troncs principaux, dont l'un, médian, suit
toujours le voisinage du bord libre de la bosse, et les deux autres, latéraux,
suivent les faces latérales de cette région. Ces vaisseaux communiquent du
reste largement avec ceux de la partie antérieure du corps, ce qui fait qu'ils
recueillent en grande partie le sang du pied et des muscles rétracteurs antérieurs et postérieurs du pied et du byssus (Pl. XXIII, *fig.* 6).

Les trois troncs formés par ces dernières veines se réunissent en un tronc commun (Pl. XXIII, *fig.* 6, 7; Pl. XXVII *ter*, *fig.* 6, 8) qui vient aboutir à la face inférieure du muscle adducteur postérieur, au voisinage des ganglions viscéraux et de leur commissure. Là, ce tronc s'abouche dans un vaisseau transversal (Pl. XXVII *ter*, *fig.* 6, 7) placé au-dessus même de la commissure nerveuse, et qui verse le sang, soit dans les vaisseaux du tissu bojanien, soit directement dans la veine longitudinale postérieure. En injectant cette veine longitudinale postérieure, on voit l'injection pénétrer immédiatement dans les veines de la bosse de Polichinelle; et réciproquement, l'injection du tronc qui vient de cette bosse pénètre directement dans la veine longitudinale et le tissu bojanien qui en dépend. Si l'on pique la veine transversale, dont le trajet est exactement indiqué par la commissure nerveuse des deux ganglions viscéraux, on injecte à la fois la veine longitudinale, le tissu bojanien et les veines de la bosse de Polichinelle.

On trouve à la face inférieure du muscle adducteur postérieur des valves deux replis triangulaires (Pl. XXIII, *fig.* 6, 16; Pl. XXIV, *fig.* 6, 8; Pl. XXVII *ter*, *fig.* 6, 6) qui sont les représentants très-réduits des ligaments suspenseurs de la branchie de certains mollusques, les Pecten par exemple. Ces ligaments sont occupés par un riche réseau de petites lacunes veineuses, qui d'une part proviennent des sinus veineux du muscle adducteur, et d'autre part vont se jeter dans la partie voisine de l'organe de Bojanus et dans le canal afférent de la branchie.

Le sang qui, venant de diverses parties du corps, pénètre dans le tissu bojanien, y parcourt un lacis lacunaire très-remarquable, sur la description duquel je reviendrai. De là, il passe en *partie* dans la branchie, en *partie* dans la veine longitudinale, qui le conduit au cœur.

Celui qui est destiné à la branchie traverse les filets branchiaux et se réunit dans la veine efférente de la branchie (Pl. XXIII, *fig.* 6, 7; Pl. XXVII *ter*, *fig.* 6, 5, 5). Ce vaisseau, dont le calibre croît d'arrière en avant, vient adhérer à la face externe du corps, au voisinage des tentacules buccaux; là, il continue son trajet entre les deux tentacules du même côté, et enfin se jette dans l'extrémité antérieure de la veine longitudinale antérieure, qui ramène au cœur le sang qu'elle reçoit. Au moment où elle devient adhérente, la veine efférente de la branchie reçoit un tronc assez volumineux

(Pl. XXVII, *fig.* 8, 3, *fig.* 7; Pl. XXVII *ter*, *fig.* 6, 5″) qui est le confluent d'un bouquet vasculaire très-élégant provenant de la surface de la région antérieure du corps, et dont le sang a subi l'influence de la respiration cutanée. La veine efférente de la branchie reçoit aussi entre les tentacules un certain nombre de petits vaisseaux qui naissent de la face interne lisse de ces tentacules.

Le sang provenant des tentacules buccaux, qui s'est trouvé en présence de l'eau, par suite de la richesse du réseau vasculaire de ces organes, se réunit en grande partie en un tronc qui suit le bord libre supérieur ou crênelé de ces organes (Pl. XXIII, *fig.* 9, 6), et qui conduit le sang directement dans la veine longitudinale antérieure. Celle-ci le ramène au cœur, sans passer par la branchie.

Enfin, je dois signaler un certain nombre de petites veines superficielles placées au voisinage de la veine afférente oblique et de l'oreillette, qui se jettent directement dans ces cavités (Pl. XXIV, *fig.* 2).

Pour résumer l'étude détaillée que je viens de faire du système circulatoire de la Moule, nous voyons qu'il comprend:

1° Un cœur à deux oreillettes, dont le ventricule est traversé par l'anus.

2° Une aorte antérieure, qui fournit au niveau du bulbe:

A. Une artère péricardique, impaire et médiane ;

B. Deux artères gastro-intestinales, paires et à peu près symétriques ;

C. Les artères grandes palléales, paires et symétriques ;

D. Les artères hépatiques, au nombre de trois de chaque côté ;

E. Les deux artères terminales de l'aorte, qui fournissent les artères des tentacules buccaux et de la partie antérieure du corps, du pied, etc.

3° Un système veineux, qui comprend :

A. Les veines afférentes obliques, paires et symétriques ;

B. Les veines afférentes longitudinales, paires et symétriques, divisées en antérieures et postérieures, et qui sont en relation avec le tissu bojanien, qui en tapisse les parois sur divers points ;

C. Des veines palléales ascendantes, qui se jettent dans la veine horizontale du manteau ;

D. La veine horizontale du manteau, qui fournit les petites veines des
organes godronnés. Ces derniers se jettent dans la veine longitudinale
et dans l'organe de Bojanus ;

E. Le sinus marginal du manteau, qui communique largement avec
la veine horizontale du manteau ;

F. La veine anastomotique et la veine du muscle adducteur postérieur,
qui relient la veine horizontale du manteau et la veine longitudinale
postérieure ;

G. Les veines viscérales (foie, intestin), qui conduisent le sang à l'organe de Bojanus.

H. Les grands sinus superficiels de la région des muscles du pied
et du byssus, ou sinus intermusculaires ;

I. Les veines de la bosse de Polichinelle, qui se mettent en relation
avec l'organe de Bojanus et la veine longitudinale postérieure;

J. Les vaisseaux branchiaux, sur lesquels je reviendrai, et dont le
sang provient des lacunes bojaniennes, pour se jeter ensuite dans la veine
longitudinale antérieure, qui le ramène au cœur.

Voilà quelles sont les diverses parties du système circulatoire. Il me reste,
pour compléter son étude, à parler du *système aquifère* et des organes
godronnés.

Système aquifère. — La Moule, comme la plupart et peut-être tous les mollusques lamellibranches, possède un orifice qui fait communiquer la cavité du
système sanguin avec l'eau au milieu de laquelle l'animal est plongé. L'orifice
de ce système aquifère se trouve placé près de l'extrémité libre du pied, sur
la face postérieure de cet organe (Pl. XXVII, *fig.* 14, 4). Il est situé au fond
d'un entonnoir dont la profondeur varie considérablement suivant l'état de
contraction des muscles du pied; aussi est-il très-difficile à apercevoir sur
l'animal tant que la tonicité musculaire est conservée, c'est-à-dire quelquefois assez longtemps après la mort de l'animal. Pour le voir nettement, il
faut l'examiner sur des animaux qui soient morts lentement dans de l'eau

additionnée d'alcool et d'acide chlorhydrique. Les muscles sont alors dans un état de relâchement complet; l'infundibulum au fond duquel se trouve l'orifice est effacé; l'orifice est devenu superficiel et apparaît sous la forme d'une petite fente losangique à grand axe parallèle à l'axe du pied[1], et entourée d'une petite aréole blanche, où le pigment fait défaut.

A l'orifice fait suite un canal ou *sinus pédieux* dont la coupe est à peu près triangulaire, et qui se voit nettement sur le milieu de la face postérieure du pied (Pl. XXVII, *fig*. 14, 3). Sa paroi superficielle est constituée par une membrane mince de tissu conjonctif, qui s'affaisse vers la cavité du canal quand celui-ci est vide. Il en résulte la formation d'un sillon longitudinal sur la face postérieure du pied. Ses parois profondes ou latérales sont formées par des faisceaux musculaires dépendant des muscles rétracteurs postérieurs du pied. Ce sinus débouche supérieurement dans les grands sinus veineux compris entre les muscles rétracteurs du pied et du byssus, et plus directement dans le sinus médian compris entre les rétracteurs antérieurs du pied.

Les deux faces latérales du sinus aquifère sont criblées d'orifices qui les font communiquer avec de nombreuses lacunes dont le pied est creusé et qui font de cet organe un véritable organe érectile. Les parois de ces lacunes, en effet, sont constituées par des faisceaux musculaires très-nombreux, très-anastomosés entre eux, unis à des tractus de tissu conjonctif fibrillaire qui leur servent de tendons et viennent s'insérer à la peau du pied (Pl. XXVII [4], *fig*. 11, *fig*. 12, 12'); cette peau n'est du reste elle-même que la couche extérieure de ce tissu conjonctif fibrillaire. Les muscles, disposés en faisceaux plus ou moins volumineux 1, 1, dépendent des rétracteurs du pied, mais surtout des rétracteurs postérieurs, dont ils sont la continuation directe. Ces faisceaux sont, pour la plupart, parallèles à l'axe du pied et logés vers la face postérieure, c'est-à-dire auprès des conduits aquifères. Quelques-uns prennent une direction oblique et s'entre-croisent avec d'autres, de manière à constituer des mailles losangiques dont les angles sont arrondis par la présence du tissu fibrillaire. Ces faisceaux s'insèrent successivement à la peau du pied, surtout à celle de la moitié inférieure, et plus abondamment encore à la partie infundibuliforme, au fond de laquelle est l'orifice aquifère.

Le mode d'action de cet appareil est facile à comprendre. La contraction des faisceaux musculaires longitudinaux et obliques raccourcit le pied, le

7

durcit, s'oppose à sa dilatation et ferme l'orifice aquifère en augmentant la profondeur de l'infundibulum et en retirant les lèvres de l'orifice. Dans ces conditions, le liquide compris dans les mailles du pied est comprimé et refoulé dans les veines de la région du foie et de la bosse de Polichinelle. Si l'on cherche alors l'orifice aquifère, il est impossible d'y pénétrer : il est fortement serré et profondément caché. Si l'on tente d'injecter ou d'insuffler le pied de la base vers l'extrémité, l'injection ou l'air ne pénètrent pas, car ils rencontrent une grande résistance de la part des muscles.

Si au contraire l'animal est au repos, et qu'il désire introduire de l'eau dans son système vasculaire, il relâche les muscles du pied : celui-ci s'allonge considérablement, les mailles reprennent un certain calibre dû à la simple tonicité des muscles, l'infundibulum s'efface, l'orifice devient superficiel et béant, et l'eau pénètre dans les lacunes inférieures.

Alors surviennent des contractions antipéristaltiques qui vont de l'extrémité libre à la base du pied, et des mouvements vermiculaires qu'il est facile d'observer et qui font remonter le liquide de bas en haut, en même temps qu'ils provoquent la pénétration de l'eau par aspiration dans l'orifice et les lacunes inférieures. Si, après avoir fait écouler l'eau que les Moules conservent ordinairement dans leur coquille, on place ces animaux dans un vase, avec une quantité d'eau insuffisante pour dépasser le bord de la valve sur laquelle repose l'animal couché latéralement, on peut observer que les Moules ouvrent bientôt leurs valves et laissent leur pied relâché plonger dans le liquide, pour aspirer ce dernier par des mouvements vermiculaires de bas en haut.

Cette eau ainsi absorbée peut avoir deux usages : réparer les pertes dues à l'évaporation et à l'excrétion urinaire, et fournir de l'eau oxygénée au sang, qui n'est qu'imparfaitement hématosé par une respiration devenue très-incomplète.

Quand l'animal a ainsi le pied relâché et plein de liquide, s'il vient à être inquiété, il y a immédiatement une contraction générale des muscles des valves du pied et du byssus, contraction qui exprime les liquides renfermés dans les vaisseaux de l'animal et qui provoque un jet brusque et court par l'orifice aquifère, avant que celui-ci ait eu le temps de se fermer. Mais c'est là une circonstance exceptionnelle et une action tout à fait accidentelle ; normalement, l'orifice aquifère sert à introduire dans le système circulatoire une quantité d'eau dont j'ai déjà signalé le rôle.

Cette eau aspirée passe des lacunes du tissu érectile du pied dans les grands sinus veineux intermusculaires placés au voisinage des muscles rétracteurs du pied et du byssus. De là, ce liquide pénètre dans le réseau veineux de la partie antérieure du corps et dans les veines de la bosse de Polichinelle ; il s'y mêle avec le sang apporté par les artères. Par ces deux voies, le liquide mixte est conduit à l'organe de Bojanus, qu'il traverse avant de pénétrer dans la branchie (Pl. XXVIIª, *fig*. 3). Au sortir de la branchie il est conduit au cœur, et ce n'est qu'alors que le liquide hydro-sanguin pénètre dans l'aorte et les artères. C'est là, du reste, invariablement la voie que suivent les injections bien faites par l'orifice et les voies aquifères.

Il a été émis, sur le rôle et le jeu du système aquifère, des idées qui me paraissent mériter quelques observations.

On a pensé que, par ce système, l'animal pouvait introduire rapidement dans ses vaisseaux une grande quantité de liquide, et que c'était à cette réplétion instantanée du système vasculaire qu'étaient dus ce gonflement énorme et cette projection au dehors du pied, si remarquables chez les mollusques lamellibranches qui veulent changer de place. C'est là certainement une conception tout à fait erronée : la constitution même de l'appareil aquifère, l'exiguïté de ses orifices, le mécanisme de son fonctionnement, ne permettent pas d'admettre cette introduction immédiate et rapide d'une quantité considérable de liquide. En outre, il n'est nullement rationnel d'attribuer la saillie brusque du pied à l'introduction non moins brusque d'une quantité correspondante d'eau ; ce phénomène est dû, en réalité, à un déplacement, à un refoulement du liquide déjà contenu dans l'appareil circulatoire. Ce liquide, comprimé par des contractions musculaires dans tout le reste du corps, vient remplir et distendre les lacunes du pied, dont les muscles sont dans un état de relâchement relatif. L'effet est trop brusque et trop instantané pour qu'on puisse l'expliquer autrement.

Contrairement à l'opinion que je viens de combattre, quelques zoologistes ont pensé que les mollusques n'usaient que modérément de la faculté d'introduire de l'eau dans le système vasculaire. Le professeur Kollmann, qui partage cette manière de voir, s'appuie sur ce que, lorsque nos mollusques d'eau douce se trouvent tranquilles dans leur habitat, ils demeurent pendant des *semaines* avec leur coquille légèrement ouverte, sans que le pied soit jamais *gonflé*[1]. Il ressort de là que le gonflement du pied serait la condition et l'indice de l'introduction de l'eau, et que cette introduction n'aurait lieu qu'à des intervalles éloignés de une ou plusieurs semaines. Il y a là, je crois, une double erreur. L'étude de l'appareil aspirateur du système aquifère, aussi bien que l'observation directe des animaux, m'ont démontré que la condition essentielle de la prise d'eau était bien plutôt un relâchement relatif des muscles du pied, accompagné de contractions fibrillaires et comme antipéristaltiques. Quant à la fréquence du phénomène, je la crois très-variable suivant les circonstances, mais dans tous les cas bien supérieure à ce qu'en pense l'auteur que je cite.

L'animal peut être exposé à de fréquentes attaques, et appelé par conséquent à rentrer fréquemment dans sa coquille. Dans ce cas, les contractions brusques et répétées de tous les muscles vident la cavité de l'organe de Bojanus, expulsent par les orifices du pied une certaine quantité de liquide hydrosanguin, et augmentent la filtration liquide de la surface de l'animal. Il y aura donc des pertes assez importantes à réparer, et l'aspiration sera assez active. Si l'animal est au contraire paisible, les pertes de liquide existeront encore, mais bien plus modérées. L'excrétion par l'organe de Bojanus, la filtration cutanée et branchiale, nécessiteront une prise d'eau, faible sans doute, mais assez souvent renouvelée. A ces conditions, ajoutons le besoin d'eau oxygénée pour l'hématose intravasculaire et pour l'excitation nutritive des tissus, et très-probablement aussi la nécessité pour l'animal de maintenir la composition du sang dans un état déterminé et pas trop différent de la composition du milieu, afin d'éviter une exosmose trop active à travers des membranes très-délicates, très-perméables et très-humectées. En présence de ces considérations, nous serons porté à penser que l'eau est introduite par l'orifice aquifère à doses très-fractionnées sans doute, par petites gouttes, mais presque incessamment. Il ne faut pas oublier de plus que nous sommes en présence d'animaux à tissus mous, presque spongieux, chez

[1] *Zeitschrift für viss. Zoologie*, 1875, tom. XXVI, cahier 1.

lesquels les changements momentanés de forme et de place sont dus au moins autant à des déplacements de liquide qu'à des contractions musculaires, et chez lesquels par conséquent le système vasculaire doit être maintenu dans un degré convenable de réplétion et de tension. Au reste, le fonctionnement normal de l'appareil de la circulation ne peut se faire régulièrement dans toutes les parties de l'animal qu'à cette condition.

ORGANES GODRONNÉS. — J'ai donné le nom d'*organes godronnés* à de petits organes très-délicats qui sont situés dans l'angle formé par la branchie et le manteau, et dont la forme plissée en jabot est vraiment remarquable. Quand on soulève le manteau, on aperçoit une série considérable de petits cordons parallèles qui se portent du manteau vers la base de la branchie. Ces petits cordons paraissent au premier abord n'être que des vaisseaux qui se portent du manteau au vaisseau afférent de la branchie. Au reste, M. de Lacaze-Duthiers[1] les a considérés comme tels, tandis que M. de Siebold[2] a cru y voir une portion de l'organe de Bojanus, opinion sur laquelle je reviendrai. Mais si l'on a soin d'examiner ces petits organes à la loupe et même à l'œil nu, si on les sépare des organes semblables voisins, on s'aperçoit que, au lieu d'être de simples vaisseaux, ce sont de véritables lames triangulaires qui offrent un plissement très-remarquable (Pl. XXIV, fig. 2, 8, fig. 3, 8, fig. 4, 6; Pl. XXV, fig. 3, 4, fig. 4, fig. 3; Pl. XXVII, fig. 2, 4).

Ces lames triangulaires adhèrent au manteau par leur bord externe à la base de la branchie et à la veine longitudinale par leur bord interne. Elles présentent un bord inférieur libre qui se voit lorsqu'on écarte le manteau, et qui a été pris pour un vaisseau. Les bords adhérents de ces lames sont plissés en jabot suivant leurs faces, de manière à présenter de leur base libre à leur sommet une succession de gouttières et de saillies très-régulières, très-élégantes, et qui sont relativement nombreuses, puisqu'on peut en compter 50 ou 40 pour un même organe. Ces plis vont en décroissant régulièrement de dimension, de la base ou bord libre au sommet. L'inférieur

---

[1] H. de Lacaze-Duthiers; *Mém. sur l'organe de Bojanus.* (*Annal. des sciences natur.* 1855, 4e série, tom. IV, pag. 276.)

[2] De Siebold et Stannius; *Anat. comparée*, tom. I, 2e partie, pag. 279, note 2.

est le plus grand et présente même, quand l'organe est distendu par l'injection, une sorte de renflement ampulliforme qui se voit bien sur la *fig.* 3 de la Pl. XXV. La coupe d'une de ces lames, faite de la base au sommet, donne une figure comparable à la *fig.* 16 de la Pl. XXVII.

La structure de ces lames sinueuses est assez remarquable. Elles sont formées de deux membranes qui subissent parallèlement les mêmes inflexions (Pl. XXVII, *fig.* 16). Ces deux membranes sont très-délicates, très-minces (Pl. XXVI, *fig.* 9), formées par du tissu conjonctif fibrillaire et réunies l'une à l'autre par des piliers de ce même tissu conjonctif. Ces piliers naissent des deux membranes par des épaississements coniques qui s'effilent rapidement et se réunissent par leurs sommets (Pl. XXVI, *fig.* 9, 5, 5, 5). L'espace compris entre les deux membranes, traversé ainsi par de nombreux piliers, renferme du sang avec ses corpuscules, dont quelques-uns adhèrent plus ou moins aux piliers (*fig.* 9, 3).

Quand l'organe est distendu par une injection solidifiée, sa surface présente au microscope un aspect capitonné, car les points correspondant aux piliers sont retenus et forment des enfoncements entourés par la saillie des parties voisines distendues (Pl. XXVII², *fig.* 1, 5). Sur la face externe de la membrane se trouve une belle couche de cellules épithéliales très-pâles, incolores et dépourvues de pigment (*fig.* 9, 1), ayant $0^{mm},01$ de diamètre, pourvues d'un noyau de $0^{mm},006$ et portant chacune un petit nombre de cils vibratiles remarquables par leur force, leur longueur et la forme de leurs mouvements. Ces cils en effet, examinés sur le bord d'un des replis, se courbent assez lentement suivant deux sens opposés, de manière à former un sigma dont la convexité est supérieure, et se détendent ensuite d'une manière brusque, parallèlement à la surface de l'épithélium. Ces deux mouvements, qui sont représentés *fig.* 9, Pl. XXVI, sont bien faits pour chasser vivement l'eau de haut en bas et en amener le renouvellement complet à la surface des organes godronnés.

Les organes godronnés ne sont point de simples expansions de la face interne du manteau, car ils en diffèrent notablement par la régularité de leur structure, par la disposition régulière et uniforme de leurs vacuoles, disposition en série simple et telle que toutes ont de larges surfaces de contact avec l'eau ambiante. Elles en diffèrent encore par la nature de leur épithélium, dont les cellules sont plus volumineuses que celles de la face interne du manteau, et surtout par la longueur et les mouvements de leurs cils vibratiles, car ceux de la face interne du manteau sont courts, très-serrés et ont des mouvements simples et rapides.

Aux faits précédents il faut ajouter ces considérations que, dans les organes godronnés, la surface de contact avec l'eau a été considérablement multipliée par la formation des nombreuses sinuosités ou replis, et que de plus le sang, tout en circulant librement dans l'intervalle des deux lames, y trouve pourtant des causes de ralentissement dans les nombreuses courbes à parcourir et dans l'existence des piliers. Toutes ces conditions réunies portent à considérer les organes godronnés comme destinés à favoriser et à prolonger le contact du liquide sanguin avec l'eau oxygénée, et par conséquent à jouer le rôle d'organes respiratoires.

A cela on pourrait objecter qu'il y a déjà chez la Moule, comme chez tous les mollusques lamellibranches, un organe spécial de la respiration, c'est-à-dire la branchie. Mais on peut répondre avec juste raison que certaines circonstances viennent militer en faveur de l'utilité du rôle respiratoire des organes godronnés.

On sait en effet que chez les lamellibranches, comme chez les brachiopodes ou palliobranches, le manteau joue un rôle respiratoire important. Certaines conditions, telles que la présence de cils vibratiles et la situation superficielle des veines sur la face interne du manteau, favorisent cette fonction. Mais chez la Moule, ainsi que nous le verrons plus tard, le manteau est occupé par une portion considérable d'un organe très-important, c'est-à-dire la glande mâle ou femelle, dont les acini et les canaux occupent presque toute l'étendue du manteau et prennent, à l'époque de la reproduction, un développement remarquable. Pendant cette période, en effet, le manteau, autrefois mince et transparent, acquiert une épaisseur relativement grande et devient parenchymateux. Il résulte de cette modification que cette membrane, loin de rester un lieu d'hématose, est au contraire un lieu de nutrition très-active, et par conséquent de combustions importantes. Le sang s'y charge d'acide carbonique et s'y hématose d'autant moins que, le manteau ayant pris une grande épaisseur, le sang renfermé dans des lacunes profondes n'est plus en contact avec l'eau oxygénée que

par une surface restreinte. Pendant cette période, qui dure plusieurs mois
dans le courant de l'année, les vaisseaux du manteau, qui sont le siége d'une
circulation très-active, rapporteraient au vaisseau longitudinal, et par conséquent au cœur, une grande masse de sang qui n'aurait point respiré. L'existence et les fonctions des organes godronnés parent à cet inconvénient.

Le sang qui a respiré en passant par les organes godronnés se jette en
partie dans l'organe de Bojanus, en partie directement dans la veine longitudinale, qui le conduit au cœur. C'est ce que démontrent bien les injections
poussées par la veine longitudinale antérieure, injections qui pénètrent immédiatement dans les organes godronnés, et de là dans les veines du manteau. C'est ce que démontrent très-clairement aussi les coupes faites sur des
sujets injectés et durcis (Pl. XXVI^5, *fig.* 2, 5, *fig.* 5, 5.) Pour ce qui a
trait aux relations des organes godronnés avec le tissu bojanien, nous verrons
que ces relations sont considérables, et que le sang qui a traversé ce tissu
tombe dans la veine longitudinale ; de telle sorte que le sang qui se rend
au cœur, soit après avoir traversé les branchies, soit après avoir traversé
les organes godronnés, a subi, du moins en grande partie, une épuration
à travers le tissu bojanien. Seulement, dans le premier cas, cette épuration
a eu lieu avant de traverser la branchie ; dans le second, c'est après le
passage du sang à travers les organes godronnés.

Enfin je dois faire remarquer que lorsque les organes reproducteurs sont
en pleine activité, il arrive beaucoup de sang au manteau, et une portion
notable de ce sang ne peut revenir par les veines palléales ascendantes,
attendu que la circulation lacunaire palléale est gênée par le gonflement des
glandes génitales, ainsi que le démontrent clairement les injections et les
coupes du manteau. Ce sang est recueilli par le sinus marginal du manteau,
qui se vide, soit spontanément, soit par la contraction des muscles palléaux,
dans l'embouchure postérieure de la veine horizontale du manteau. Cette
dernière veine, qui est très-ample, très-dilatable, reçoit ce sang et le transmet
aux organes godronnés ; mais comme une contraction très-brusque des
muscles palléaux pourrait refouler dans la veine longitudinale du manteau
une quantité de sang trop considérable et capable d'amener des ruptures
dans des organes aussi délicats que les organes godronnés, le sang en excès
peut traverser, soit la veine anastomotique (Pl. XXVII, *fig.* 1, 8), soit la

veine du muscle adducteur postérieur 6, et parvenir ainsi à l'organe de Bojanus et à l'extrémité postérieure de la veine longitudinale. La veine anastomotique et la veine du muscle adducteur jouent donc dans ce cas le rôle
de soupape de sûreté.

MOYENS D'ÉTUDE POUR L'APPAREIL DE LA CIRCULATION.— Le meilleur moyen
d'étude pour l'appareil de la circulation consiste évidemment dans les
injections. C'est avec leur aide seulement que l'on peut arriver à se rendre
compte de la distribution des vaisseaux, et surtout de leurs voies de communication, ce qui est parfois très-difficile. Les injections se font avec des
matières qui varient selon le but que l'on veut atteindre. Je ne puis évidemment faire ici une revue complète des diverses substances qui peuvent être
employées ; je me borne à indiquer celles qui m'ont donné de bons résultats
dans le cas actuel. Pour l'étude des vaisseaux à l'œil nu, ou à la loupe,
pour des dissections ordinaires ou même délicates, je me suis très-bien
trouvé d'un mélange, à proportions variables selon la saison, de saindoux et
d'essence de térébenthine, mélange auquel j'ajoutais en été un peu de suif ou
de cire pour augmenter la solidité de la pâte. Cette matière était colorée avec
des couleurs broyées à l'huile. Parmi celles-ci, je recommande le jaune de
chrome clair, qui est très-brillant et très-lumineux, le vermillon et le bleu
d'outremer. J'ai obtenu avec cette pâte des injections fort belles et fort bril-
lantes. Pour l'étude microscopique, j'ai employé, tantôt les injections à l'essence de térébenthine colorée avec les couleurs précédentes, tantôt et
plus souvent les injections avec la gélatine colorée par le carminate d'ammoniaque, ou par le bleu de prusse dissous dans l'acide oxalique, ou encore
par le précipité de chromate de plomb. Enfin, et pour certains cas, j'ai obtenu
d'excellents résultats en insufflant de l'air dans les cavités vasculaires.

Je recommande beaucoup ce dernier mode de recherches, car il est
très-facile, d'un emploi immédiat et rapide, et il donne des résultats très-
frappants. Il est extrêmement utile, soit pour indiquer le parcours des
vaisseaux, soit surtout pour révéler l'existence de voies de communication
entre diverses cavités. Voici en quelques mots la manière de procéder et
les précautions à prendre. Il faut se munir pour cela de tubes ou pipettes
de verre effilées à la lampe, et dont l'extrémité conique offre des dimen-

8

sions variables, les unes étant très-aiguës et propres à piquer les tissus, et les autres étant plus ou moins larges et mousses. Il convient d'en avoir de droites, et d'autres coudées sous différents angles. On peut souffler directement avec la bouche, ce qui peut à la longue devenir fatigant, ou bien mieux avec une de ces boules en caoutchouc munies d'une seconde boule ou réservoir d'air, dont on se sert dans les appareils à pulvérisation, et qui donnent un courant d'air continu très-facile à régler. C'est avec un de ces instruments que je procède. Il faut placer l'animal dans l'eau, mais de manière à ce que le point par où se fera l'insufflation soit au niveau de la surface du liquide, ou un peu au-dessous. Par ce moyen, on évite la formation très-nombreuse de bulles d'air qui embarrassent l'observateur, masquent la vue de l'objet et rendent l'opération et l'observation très-difficiles. D'autre part, il est bon que l'animal soit dans l'eau, parce que dans ce liquide l'air donne aux cavités qu'il distend un aspect brillant et argenté qui rend la préparation très-éclatante et l'observation très-facile. En outre, dès que l'insufflation est suffisante, il faut rapidement disposer l'animal dans l'eau, de manière à ce que l'orifice par où a été faite l'insufflation soit placé plus bas que les parties injectées, car alors l'air n'a aucune tendance à s'échapper par l'orifice, et on peut observer la préparation tout à son aise. Quand on veut s'éclairer sur le parcours d'un vaisseau, sur sa distribution, sur ses anastomoses, sur l'étendue et la forme d'une cavité, il faut, si le vaisseau est petit, le piquer délicatement avec une pipette aiguë, et procéder à l'insufflation. Si la cavité est considérable, on peut aussi faire une légère ouverture avec la pointe d'un scalpel et y introduire une pipette à pointe mousse et plus grosse. Quand il s'agit de reconnaître s'il y a des orifices de communication entre deux cavités, il ne faut pas se borner à insuffler l'une des deux pour voir si l'air pénètre aussi dans l'autre. Il est indispensable d'insuffler alternativement l'une et l'autre, et de ne conclure à l'absence de tout orifice de communication que lorsque les deux épreuves ont donné un résultat négatif. Il arrive en effet quelquefois que les orifices sont disposés de manière à permettre le passage des liquides ou des gaz dans une direction, et à s'y opposer dans le sens contraire.

L'insufflation est aussi un bon moyen pour découvrir l'existence d'une cavité ou d'un orifice. Pour cela, il faut se servir d'une pipette dont l'orifice ne soit pas trop étroit, et qui puisse donner un jet d'air assez fort. Pour s'assurer de l'existence d'une cavité, d'un vaisseau, il faut faire une petite ouverture avec la pointe du scalpel sur la paroi mince de la cavité présumée ; et puis il convient de projeter sur ce point un courant d'air énergique avec la pipette, dont la pointe doit être tenue à une petite distance de l'orifice. S'il y a une cavité dans ce point, il arrive que le jet puissant de l'air, rencontrant l'orifice, pénètre dans la cavité, se réfléchit contre la paroi opposée, soulève la paroi libre et se répand dans la cavité, qu'il distend. Quand on soupçonne l'existence d'un orifice naturel, que son obliquité ou la flaccidité de ses parois cachent à la vue, on peut par ce procédé parvenir à en constater l'existence. Ce sont là des moyens très-précieux pour l'étude d'animaux à tissus mous, flasques, et qui s'affaissent au point de rendre les cavités et les orifices insaisissables. Aussi je les recommande beaucoup, et d'autant plus qu'ils n'exigent aucune préparation préalable et sont d'un emploi immédiat.

Comme exemple de résultat brillant donné par les insufflations, je citerai l'insufflation faite par la veine longitudinale antérieure. Si l'on fait une incision sur la paroi externe de cette veine (Pl. XXIV, *fig.* 2, 6, 6') , et qu'on insuffle de l'air d'avant en arrière, la veine longitudinale antérieure, la veine longitudinale postérieure, la veine afférente oblique, l'oreillette et le ventricule, se gonflent aussitôt ; mais en même temps on a une dilatation des organes godronnés, de la veine horizontale du manteau et des veines ascendantes, qui sont ses affluents. Ces dernières parties sont très-brillantes et forment un ensemble de traînées d'aspect argenté extrêmement élégantes. L'insufflation du sinus pédieux par l'orifice aquifère démontre immédiatement le trajet et les relations de ce sinus avec les grands sinus intermusculaires de la région. On peut également se rendre compte de la distribution de l'organe de Bojanus et de ses relations avec le couloir péricardique et le péricarde, en employant convenablement la méthode des insufflations.

On peut employer des instruments très-variés et très-compliqués pour pousser les injections liquides dans le système vasculaire. Après avoir essayé plusieurs de ces instruments, tels que tube à mercure, pompe à compression, etc., j'en suis revenu à la simple seringue, qui avec un peu d'habitude permet de modérer, de régler l'injection et de l'arrêter juste au point nécessaire pour le but à atteindre. La petite seringue de Robin convient parfaitement pour l'injection des Moules.

Avant de procéder à une injection du système vasculaire, il faut préparer l'animal. C'est là une condition très-importante et sans laquelle on ne peut rien obtenir de convenable. C'est une grande illusion que de s'imaginer pouvoir réussir des injections sur une Moule fraîche et vivante. Dans ces cas, la contraction des muscles de l'animal et de ses vaisseaux oppose des obstacles presque insurmontables, et l'on ne va que d'insuccès en insuccès.

Il y a plusieurs manières de préparer l'animal, c'est-à-dire de l'obtenir dans cet état de résolution musculaire qui permette aux liquides injectés de parcourir librement les vaisseaux. Ces divers moyens reviennent du reste tous à obtenir la mort lente de l'animal sans détérioration, sans altération des tissus. On peut laisser mourir l'animal d'inanition, et attendre que, ses forces étant épuisées, il ouvre les valves et ne puisse plus les refermer. Il faut toujours plusieurs jours pour cela. Mais on peut en diminuer le nombre en tenant les valves ouvertes à l'aide d'un coin, et en disposant l'animal de manière à ce qu'il perde non-seulement l'eau de la cavité du manteau, mais successivement le liquide sanguin qui suinte de la surface du corps. Cette manière d'agir exige, surtout en été, une surveillance incessante. En effet, dès que l'animal est mort, il s'altère très-rapidement, et l'on se trouve en présence de tissus sans résistance, ce qui devient la source de ruptures et d'extravasations pendant l'injection. Il faut que l'animal soit *à point*, et l'on risque fort d'agir quand il est en deçà ou au-delà de la limite désirable.

Dans le procédé précédent, l'animal reste intact, ce qui est indispensable dans certains cas ; mais quand l'intégrité de l'animal n'est pas nécessaire, pour des injections partielles, par exemple, on peut arriver plus rapidement en enlevant une valve de l'animal, et en le plaçant de manière à ce qu'il perde lentement le sang. En été, une Moule ainsi préparée le matin peut être injectée six ou huit heures après. En hiver, il faut attendre au lendemain, et quelquefois plus.

J'ai obtenu aussi de bons résultats en prenant une Moule intacte, en maintenant ses valves écartées par un coin et en plaçant l'animal dans un vase bouché, au fond duquel se trouvaient quelques grammes d'éther. Le lendemain, l'animal pouvait être injecté.

Enfin j'ai indiqué aussi un moyen employé par quelques zoologistes, et qui consiste à plonger l'animal tout entier dans de l'eau additionnée d'alcool et d'acide chlorhydrique. On obtient au bout d'un jour ou deux des Moules très-propres à l'injection, et dont les tissus n'ont pas subi d'altération.

Une fois les tissus préparés pour recevoir l'injection, il faut s'occuper de la pratiquer, ce qui n'est pas toujours facile et ce qui exige une certaine habitude. Néanmoins, si au début on a beaucoup d'insuccès, on obtient aussi quelques succès, et leur nombre va croissant avec l'expérience et la pratique.

Si l'on doit pousser une matière coagulable, il est très-important, surtout en hiver, de plonger l'animal pendant une demi-heure environ dans de l'eau à 40° centigrades, qui en réchauffe les tissus et retarde la coagulation.

Une fois ces précautions indiquées, le sujet sur lequel je désire insister le plus ici, parce qu'il est le moins connu, surtout des débutants, c'est le choix des points d'attaque, c'est-à-dire des lieux où il faut placer les canules pour les injections.

Si l'on veut injecter le système artériel, on peut procéder de plusieurs manières. Il faut d'abord avoir soin de détériorer l'animal aussi peu que possible, afin d'éviter des déchirures et des fuites qui causeraient une injection inégale et incomplète du système. Pour cela, il n'y a rien de mieux que d'attaquer la coquille, avec des pinces d'horloger ou d'opticien, au niveau de l'angle obtus et supérieur des valves, en arrière de la charnière, et précisément dans la région où se trouve le cœur. En procédant avec prudence, on saisit le bord des deux valves, qui est mince et qui se casse facilement; on enlève les fragments, et par l'ouverture ainsi faite on introduit le manche d'un petit scalpel pour détacher des valves la partie du manteau qui correspond à la portion de la coquille que l'on veut enlever. Puis, avec les pinces, on casse peu à peu chacune des deux valves, et l'on agrandit l'ouverture. Cette dernière doit être assez grande pour que la région du péricarde soit entièrement découverte. Il faut du reste prolonger l'orifice en avant et en arrière pour ne pas être gêné par l'angle saillant que forme la rencontre des valves. On a ainsi mis a nu la région du péricarde, le bulbe de l'aorte et le tronc de la grande artère palléale (Pl. XXIII, *fig* 1, 9).

Si l'on veut pousser l'injection par l'aorte, il faut inciser le manteau, puis le péricarde (Pl. XXIV, *fig.* 1, 1, 2), et enfin le ventricule du cœur 3. On voit alors à nu le rectum cardiaque qui sert de point de repère. Nous savons en effet que l'orifice du bulbe aortique est à l'angle antérieur du cœur, immédiatement au-dessus du rectum cardiaque. On n'a qu'à introduire la canule dans ce point, et à pousser l'injection. On donne d'abord un coup de piston un peu brusque qui remplisse les gros vaisseaux; mais il faut aussitôt ralentir la marche de l'injection, et la pousser d'un mouvement lent interrompu par quelques légères secousses. Cette dernière pratique est assez utile pour imprimer quelques impulsions au liquide, de manière à vaincre des obstacles et à ouvrir certaines voies, soit obstruées, soit aplaties, soit rétrécies par un reste de tonicité. Pourtant, si les tissus étaient mous et très-relâchés, il faudrait se borner à une poussée lente et constante, de manière à éviter les ruptures et les extravasations.

Une fois l'injection jugée suffisante, on peut, si la matière est coagulable, plonger immédiatement l'animal dans l'eau froide pour hâter la solidification; si l'injection doit rester liquide, il convient, comme du reste dans le cas précédent, de poser l'animal l'ouverture des valves en bas et la région du cœur en haut, et de laisser ainsi la matière à injection acquérir son droit de domicile dans les vaisseaux.

Au lieu de pousser l'injection par le bulbe aortique, on peut la pousser par le tronc aortique lui-même (Pl. XXIII, *fig.* 1), et pour cela il faut agrandir en avant l'orifice de la coquille. L'aorte fait sous la charnière une saillie transparente lorsqu'elle est remplie de sang, ou bien une sorte de gouttière quand le vaisseau est vide. Il est généralement facile de distinguer ce vaisseau, et il suffit d'y pratiquer une petite ouverture avec la pointe du scalpel, ou de la piquer avec une canule aiguë. On peut par cette ouverture diriger l'injection, soit vers l'origine de l'aorte, ce qui donne de belles injections de la grande palléale et des artères péricardique et gastro-intestinales, soit vers les branches terminales de l'aorte, que l'on injecte parfaitement.

On peut même pousser l'injection par une des deux branches de bifurcation de l'aorte (Pl. XXIII, *fig.* 1, 9'''') vers les ramifications terminales de ces vaisseaux.

Si l'on veut laisser l'aorte entièrement intacte, on n'a qu'à pratiquer l'injection par le tronc de la grande artère palléale (Pl. XXIII, *fig.* 1, 9), qui est parfaitement visible à la surface du foie, en avant du péricarde. En poussant l'injection vers l'aorte, on obtient une injection générale ; en la poussant au contraire suivant la direction du sang, on produit une belle injection de la grande palléale.

En injectant ainsi le système artériel, on peut s'arrêter à divers degrés de réplétion de ce système ; mais l'on peut aussi pénétrer dans le système lacunaire, dans les veines, et arriver jusqu'au cœur, après avoir rempli tout le système circulatoire. Des injections aussi complètes sont surtout désirables pour les études microscopiques ; mais il est bon de dire que, pour les recherches à l'œil nu et à la loupe, les injections trop bien réussies sont plutôt incommodes qu'utiles, parce que les vaisseaux sont noyés dans un tissu lacunaire gorgé d'une injection de même couleur qu'eux, et qu'il est très-difficile d'en distinguer nettement le parcours.

Les injections générales du système veineux peuvent se faire par plusieurs voies. On peut, par exemple, remplir le système veineux par le pied. Il faut alors attirer le pied hors de la coquille, et, si celle-ci embarrasse, on en casse les bords sur chaque valve au voisinage du pied, après en avoir soigneusement détaché le manteau. On peut introduire la canule dans l'orifice aquifère du pied, si la résolution musculaire est complète ; sinon, on fait avec la pointe d'un scalpel une petite fente dans le sillon du sinus pédieux, et on y introduit la canule. Il faut ensuite, avec une pince légère à compression continue, ou avec une pince ordinaire à mors plats, saisir à la fois le pied et la canule, sans quoi le pied fuirait et abandonnerait la canule dès que l'injection commencerait. Un lien circulaire pourrait être posé dans ce cas, mais avec précaution, à cause de la friabilité des tissus. On peut aussi pratiquer une ouverture dans l'intervalle qui sépare la base du pied du disque du byssus ; on pénètre alors dans les grands sinus veineux intermusculaires, et l'on peut obtenir de bonnes injections si l'on a la précaution de se servir d'une canule fortement conique, et de saisir à la fois le pied et le byssus avec une pince, pour les tirer vers la seringue et pour appliquer ainsi l'ouverture par où pénètre la canule contre les parois mêmes de cette canule.

Par les voies précédentes, on injecte d'abord les veines du foie, de l'estomac, de l'intestin, de la bosse de Polichinelle. De là, l'injection passe dans tout le reste du système veineux par des voies que le lecteur connaît déjà.

Si l'on veut injecter plus particulièrement les veines du manteau, les organes godronnés, le corps de Bojanus, la veine longitudinale, on peut faire choix de plusieurs points d'attaque. Ainsi, on peut introduire la canule dans les sinus veineux qui séparent les faisceaux du muscle adducteur postérieur des valves. Pour cela, il convient de faire aux deux valves une échancrure postérieure qui permette le libre passage de la seringue. Avec une canule assez longue, cette précaution est inutile, et il suffit que les valves soient écartées, ce qui a toujours lieu chez un animal convenablement préparé pour être injecté. Il est bon de munir la canule d'une petite plaque de liége, dans laquelle celle-ci est enfoncée de manière à faire une saillie suffisante pour atteindre la partie centrale du muscle. Cette plaque a le double avantage de limiter la pénétration de la canule, et de s'opposer au reflux de l'injection, en venant presser contre le muscle. Pour pratiquer l'injection, on pique avec la pointe d'un scalpel la face postérieure du muscle adducteur dans l'interstice de deux faisceaux ; puis on introduit la canule jusqu'à ce qu'on soit arrêté par la plaque de liége qui doit presser modérément sur le muscle. On pousse le liquide en augmentant la pression de la plaque de liége à mesure que l'injection avance et que la tension du système vasculaire s'accroît. Le liquide pénètre dans les sinus veineux du muscle (Pl. XXVII, *fig*. 1, 4), dans l'organe de Bojanus, et de là dans la veine longitudinale et dans la veine horizontale du manteau par l'intermédiaire de la veine du muscle adducteur. De la veine horizontale, le liquide passe dans les veines ascendantes du manteau, dans les organes godronnés, dans le canal afférent de la branchie, dans le sinus marginal, etc., etc.

On peut faire, par le muscle adducteur, d'excellentes injections de tout le système vasculaire, en employant un moyen qui fixe la canule dans ce muscle et s'oppose aux pertes de liquide. Voici le moyen que j'emploie : Sur une Moule qui a séjourné dans l'eau alcoolisée chlorhydrique jusqu'à résolution musculaire, je détache de l'une des valves le muscle adducteur, ce qui, dans ce cas, se fait très-facilement et très-nettement, car ce liquide, en attaquant la coquille et les tissus, diminue et finit même par détruire l'adhérence du muscle à la coquille. La valve étant détachée, j'en casse avec des pinces la partie postérieure, de manière à conserver intactes les insertions des muscles du byssus, et à éviter les pertes qui pourraient avoir lieu par là.

La surface d'insertion du muscle adducteur étant ainsi mise à nu, je passe une épingle à travers le muscle, perpendiculairement à ses fibres et au voisinage de cette surface; cette épingle doit dépasser le muscle par ses deux extrémités. Une canule est enfoncée dans un des interstices lacunaires du muscle, jusqu'au milieu environ de la longueur de ce dernier; puis un fil ciré est passé au-dessous des deux extrémités de l'épingle, de manière à entourer le muscle. On fait un nœud, et l'on serre assez fortement pour fixer solidement la canule. L'épingle, en empêchant le fil de glisser et d'échapper, rend cette ligature fixe et efficace. Il ne reste plus qu'à pousser l'injection, ce qui doit être fait avec beaucoup de lenteur et de régularité, si l'on veut éviter les extravasations; car il ne faut pas oublier que, dès l'instant que l'injection ne peut fuir par les côtés de la canule, la pression peut être fortement accrue et provoquer des ruptures.

Un point d'attaque très-important du système veineux se trouve sur la partie postérieure de la veine horizontale, en arrière du point où elle reçoit la veine anastomotique (Pl. XXVII, *fig.* 1, 10). A ce niveau, cette veine se distingue très-facilement, comme une bande plus transparente que le reste du manteau. Elle est de plus d'un beau calibre qui permet l'introduction facile de canules relativement grosses. Lorsqu'on a détaché une des valves de l'animal, on aperçoit ce vaisseau sur la face externe du manteau, et l'on peut y pratiquer une ouverture et y poser la canule.

Si la canule est introduite d'arrière en avant, c'est-à-dire de manière à diriger le jet vers le muscle adducteur postérieur, l'injection pénètre très-facilement dans la veine horizontale du manteau et dans ses dépendances (veines ascendantes, organes godronnés, veine anastomotique, veine longi-tudinale, sinus de l'organe de Bojanus, veine afférente de la branchie, veine afférente oblique et cœur). Une partie du liquide s'échappe par le muscle adducteur, dont une des surfaces d'insertion a été détachée. Mais si l'on veut obtenir une belle injection pour préparations microscopiques, on doit prendre soin de détacher délicatement la partie postérieure du lobe du manteau, et de casser avec les pinces la partie correspondante de l'une des valves, sans arriver aux insertions du muscle adducteur. On a alors l'avantage de mettre à nu le vaisseau et d'y pousser l'injection, sans s'exposer aux pertes causées par l'ouverture des sinus du muscle. On obtient

9

par ce moyen de fort belles injections du système veineux tout entier, et, par suite, du système artériel, car du cœur et même des lacunes veineuses le liquide passe dans les artères.

Si, au lieu de pousser l'injection en avant, on la pousse en arrière vers le bord postérieur du manteau, on injecte les veines palléales ascendantes posté-rieures, les veines du bord papillaire et le sinus marginal.

Quand on veut étudier le trajet des veines palléales ascendantes et leurs rapports avec la veine horizontale du manteau et les organes godronnés, on obtient de très-élégantes injections partielles en prenant pour point d'attaque les troncs des veines ascendantes elles-mêmes. Ces troncs sont très-petits et quelquefois très-difficiles à reconnaître. Ils ne peuvent même être bien vus que pendant la saison de la reproduction, alors que le manteau n'est pas transparent. Ces petits troncs se distinguent alors sur la face interne du manteau, comme de petites bandes claires, sinueuses. On peut en piquer un ou deux avec un scalpel, très-délicatement, de manière à ne pas attein-dre la paroi opposée ou externe ; alors, en plaçant près de l'ouverture l'extré-mité de la canule, et en appuyant très-légèrement, on parvient quelquefois à obtenir de très-bons résultats. C'est par ce moyen que j'ai obtenu la pré-paration qui est représentée Pl. XXV, *fig.* 5. On a dans ce cas-là l'avantage d'obtenir une injection des veines seules et de leurs fines branches, et il en résulte une préparation très-nette et très-claire.

On peut faire aussi de belles injections du système veineux par la veine longitudinale antérieure. Lorsqu'une valve a été enlevée, l'animal étant couché sur l'autre valve, on distingue très-bien le trajet de la veine longitu-dinale antérieure qui correspond au bord adhérent de la branchie. Il suffit d'y pratiquer une petite incision et d'y introduire une canule fine. Si l'on pousse l'injection d'avant en arrière, on injecte facilement tout le système veineux, mais d'abord et surtout la veine afférente oblique, les organes godronnés et les veines du manteau. Si l'on pousse l'injection d'arrière en avant, l'injec-tion pénètre d'abord dans les veines de la région antérieure et dans la veine efférente de la branchie.

Enfin on peut pousser l'injection par la veine afférente oblique du cœur (Pl. XXIV, *fig.* 2, 5) ; il suffit pour cela de piquer cette veine près de son bord postérieur, afin d'éviter le couloir péricardique. L'injection pénètre immédiatement dans les grosses veines, le cœur, et de là dans les artères. On obtient par là une belle injection des systèmes artériel et veineux.

On peut aussi, par la voie des injections, se rendre un compte exact de la distribution et de l'étendue des cavités de l'organe de Bojanus. Pour cela, il convient de piquer le couloir péricardique vers son bord antérieur, pour ne pas atteindre la veine afférente oblique, et d'y pousser une injection. Si l'on a préalablement injecté le système veineux avec une masse colorée, et qu'on pousse dans l'organe de Bojanus une masse d'une coloration différente, on obtient des résultats très-nets et très-propres aux coupes microscopiques.

VI.

APPAREIL URINAIRE OU ORGANE DE BOJANUS.

Avant d'aborder l'histologie de l'appareil de la circulation, je dois étudier un organe spécial, qui a des rapports très-intimes avec une portion du réseau sanguin, et dont l'étude nous aidera à comprendre la constitution de ce dernier. Cet organe, commun à tous les lamellibranches, affecte pourtant chez la Moule une forme assez particulière, et se trouve chez elle presque à l'état de dispersion ou de dissémination, au lieu de constituer un organe bien circonscrit et ramassé, comme chez la plupart des mollusques du même groupe.

La disposition de l'organe de Bojanus chez la Moule surprend assez au premier abord, pour que von Siebold[1] ait émis, après Treviranus, une opinion peu exacte, qui a été justement redressée par M. de Lacaze-Duthiers dans son beau *Mémoire sur l'organe de Bojanus*[2].

« Les organes urinaires (de la Moule), dit Siebold, sont encore plus singulièrement disposés... Leurs deux sacs, qui sont situés à la base des branchies, sont fendus dans toute leur longueur, de sorte qu'en écartant les branchies on aperçoit distinctement les compartiments et les cellules de ces glandes. »

M. de Lacaze-Duthiers fait observer que ce qui a causé l'erreur des auteurs allemands, c'est que les vaisseaux sanguins qui rapportent le sang du

[1] *Manuel d'Anatomie comparée*, loc. cit.
[2] H. de Lacaze-Duthiers, *loc. cit.*

manteau aux branchies passent sur un plan inférieur au sac de Bojanus, et qu'entre chaque vaisseau, qui s'est comme détaché de la paroi du sac, sont des dépressions qui ont été prises pour les replis internes de la substance glandulaire ; ce qui a conduit à admettre que le sac est ouvert d'un bout à l'autre. Je m'associe à la rectification de l'éminent Professeur de la Faculté des Sciences de Paris, tout en faisant observer que les saillies, qu'il considère comme de simples vaisseaux sanguins rapportant le sang du manteau aux branchies, sont en réalité les organes godronnés dont j'ai déjà donné la description et la signification. J'ajoute, avec M. de Lacaze-Duthiers, que l'organe de Bojanus a, chez la Moule, une véritable cavité pourvue d'un orifice excréteur, ce qui ne permet pas de douter que les auteurs allemands susnommés ne soient tombés dans l'erreur.

Quant à la communication de la cavité bojanienne avec le péricarde, dont M. de Lacaze n'a pas pu constater l'existence, nous verrons qu'elle existe avec une forme remarquable.

L'organe de Bojanus est, chez la Moule comme chez tous les mollusques lamellibranches, en relation directe avec la base ou bord adhérent de la branchie ; et, comme ce bord branchial est très-étendu d'avant en arrière, l'organe de Bojanus contracte une forme très-allongée, et s'étend depuis le bord postérieur des tentacules buccaux jusqu'au muscle adducteur postérieur des valves.

Il forme ainsi un sac très-allongé, intimement lié à la grande veine longitudinale, et dont la cavité est très-anfractueuse et très-riche en diverticula ou culs-de-sac. Ces derniers, ou bien tapissent les parois de la grande veine longitudinale, ou bien en cloisonnent la cavité. Il en résulte que le sac de Bojanus et la veine longitudinale forment deux cavités très-anfractueuses tellement entrelacées et si étroitement liées l'une à l'autre, qu'on a besoin d'une grande attention pour ne pas les confondre et pour arriver à les distinguer nettement l'une de l'autre. Toutefois, les injections bien faites du système vasculaire permettent cette distinction, soit sur le sujet entier, soit sur des coupes fines pratiquées perpendiculairement à l'axe de ces canaux et examinées au microscope (Pl. XXVII[5], fig. 1, 2, 3).

Sur ces coupes, quand l'injection est pratiquée avec soin, c'est-à-dire sans rupture et sans invasion de la cavité bojanienne par le liquide, on aperçoit nettement la lumière de la veine remplie d'injection, tandis que la cavité de l'organe de Bojanus, limitée par une ligne jaune verdâtre, est vide. Ces deux cavités forment sur la coupe des ilots irréguliers qui s'embrassent réciproquement par leurs branches ou diverticula.

L'organe de Bojanus se voit très-nettement, en partie du moins, à l'extérieur. Lorsqu'on écarte la branchie de la région abdominale, on aperçoit au niveau de la base de la branchie une bande brunâtre qui s'étend depuis l'insertion du vaisseau efférent de la branchie jusqu'au muscle adducteur postérieur des valves (Pl. XXIII, *fig*. 6, 6, 6 ; Pl. XXVII *ter*, *fig*. 6, 2, 2). Cette bande est bordée, du côté de la branchie, d'une seconde bande blanchâtre plus ou moins large, et qui correspond à un tissu lacunaire sanguin qui est en relation à la fois avec la branchie et avec la grande veine longitudinale (Pl. XXVII², *fig*. 1, 2, 2, *fig*. 2, 2, *fig*. 3, 2).

De la bande brune, qui appartient au corps de Bojanus, se détache, dans toute l'étendue de la région abdominale, une série de replis ou *piliers fusiformes* très-élégants (Pl. XXIII, *fig*. 6; Pl. XXVII *ter*, *fig*. 6, 1, 1, *fig*. 7, 3) qui, vus à la loupe, présentent une surface très-plissée, et qui, libres dans leur partie moyenne, vont adhérer par leur extrémité inférieure à la face externe du foie. Ces piliers fusiformes (Pl. XXVII², *fig*. 2, 7, *fig*. 3, 8) renferment chacun un diverticulum plus ou moins caverneux et ramifié de la cavité de Bojanus, qui en occupe la moitié supérieure, tandis que la moitié inférieure est formée par du tissu conjonctif lacunaire très-délicat, qui est en relation avec les vaisseaux superficiels de la partie antérieure du corps ; en injectant ces derniers, on voit en effet le liquide arriver immédiatement dans les piliers fusiformes, et par conséquent autour du diverticulum bojanien. C'est ce que montre la *fig*. 7, Pl. XXVII *ter*, où les vaisseaux superficiels du foie 1 envoient leur liquide par des trajets lacunaires 2 dans les replis fusiformes 3. C'est aussi ce que l'on voit admirablement dans les coupes transversales faites sur des sujets injectés et durcis (Pl. XXVII², *fig*. 2 et 3).

En résumé, les piliers fusiformes constituent une série de diverticula venant, comme des dents de peigne, s'insérer perpendiculairement sur le canal central de l'organe de Bojanus, qui, à ce niveau, a une forme particulière (Pl. XXVII *ter*, *fig*. 6, 2). Ce canal, qui débute en avant par une extrémité effilée, s'élargit successivement et régulièrement d'avant en arrière, à mesure qu'il reçoit les diverticula des piliers fusiformes. Aussi lui ai-je donné, dans une publication précédente (*Comptes rendus de l'Institut*, 1874), le nom de *canal collecteur* de l'organe de Bojanus. Ses rapports avec les replis fusiformes lui donnent une forme sinueuse qui ne manque pas d'élégance.

En arrière de la masse abdominale et au niveau des muscles rétracteurs postérieurs du byssus, se trouvent quelques diverticula brunâtres, à forme mamelonnée (Pl. XXIII, *fig.* 6, 8 ; Pl. XXVII *ter*, *fig.* 6, 1′), qui sont appliqués à la face latérale du corps et entièrement adhérents.

En arrière, l'organe de Bojanus ne forme plus qu'une bande brunâtre qui s'élargit au voisinage du muscle adducteur postérieur des valves, et qui finit en se rétrécissant brusquement à la face inférieure de ce muscle. Dans cette région postérieure, du reste, c'est-à-dire à partir de l'embouchure de la veine afférente oblique du cœur, l'organe de Bojanus est encore plus étroitement entrelacé avec la cavité caverneuse de la veine longitudinale (Pl. XXVII², *fig.* 1, 1, 4). Si l'on ouvre cette veine par la paroi externe (Pl. XXIV, *fig.* 2, 6, *fig.* 3, 6, *fig.* 4, 3), on aperçoit ses parois, tant interne qu'externe, tapissées par le tissu bojanien, qui présente là des arborisations très-riches, formées par des culs-de-sac arborescents.

Après avoir enlevé délicatement le manteau au niveau de la veine longitudinale postérieure, comme dans la *fig.* 2, Pl. XXIV, on aperçoit la série des organes godronnés ; si alors on écarte deux de ces organes, comme en *fig.* 4, Pl. XXV, on voit que la veine est de couleur brun verdâtre, et avec un faible grossissement on aperçoit les culs-de-sac ou mamelons boja-niens. Si l'on détache une partie de la paroi externe de la veine, et qu'on l'examine par la face interne avec un objectif faible, on voit l'aspect général des arborisations des mamelons bojaniens (Pl. XXV, *fig.* 5); et l'on peut faire cette observation que les arborisations sont surtout multipliées au niveau des points où les organes godronnés viennent adhérer à la veine longitudinale postérieure. Ce fait établit l'intimité des rapports de ces deux ordres d'organes, et permet de comprendre déjà que le sang, revenant du manteau par les organes godronnés, est déversé dans le réseau lacunaire qui traverse les replis de l'organe de Bojanus, et que de là il pénètre dans la veine longitudinal e. C'est là du reste ce que démontrent fort bien les coupes faites transversalement sur les animaux injectés et durcis (Pl. XXVII° *fig.* 1, 5).

L'organe de Bojanus présente donc une cavité centrale plus ou moins anfractueuse, de laquelle se détachent des diverticula en forme de mamelons arborescents. Cette cavité centrale, de forme allongée, s'élargit d'avant en arrière ; elle communique , d'une part avec l'extérieur par un orifice excréteur, et d'autre part avec le péricarde.

L'orifice excréteur de l'organe de Bojanus est très-difficile à voir ; il a été découvert par M. de Lacaze-Duthiers. C'est un très-petit orifice punctiforme, placé au sommet d'une petite papille qui est elle-même cachée derrière la papille plus volumineuse et plus saillante de l'orifice génital (Pl. XXIV, *fig.* 6, 3; Pl. XXVII, *fig.* 15, 3). C'est un pore presque imperceptible à l'œil nu, et qu'on n'aperçoit bien qu'à la loupe. Dans la *fig.* 15 de la Planche XXVII, on voit, avec des dimensions un peu plus que doubles de la grandeur naturelle chez les fortes Moules, le canal excréteur 1 de la glande reproductrice terminé par une papille saillante, plus ou moins molle et flottante 2. En arrière, se trouve la petite papille perforée 3 de l'organe de Bojanus. L'orifice de l'organe de Bojanus se trouve, comme l'orifice génital, dans le sillon qui sépare la bosse de Polichinelle de la base de la branchie, et précisément en dehors et à côté de l'orifice de la cavité des flancs. Chez la Moule donc, comme chez les mollusques lamellibranches en général, l'intimité des relations de l'orifice génital et de l'orifice bojanien est entièrement conservée.

La communication do la cavité de l'organe de Bojanus avec le péricarde a échappé à la sagacité de M. de Lacaze-Duthiers. Cette communication existe pourtant et peut être démontrée, soit par l'examen direct, soit par les injections.

Si en effet on injecte le péricarde, la cavité de Bojanus s'injecte également, tandis que (il faut ne pas l'oublier) la réciproque n'est pas toujours vraie, et il est même plutôt de règle qu'en injectant la cavité de Bojanus on n'injecte pas le péricarde. Mais si, dans le premier cas, c'est-à-dire en poussant l'injection par le péricarde, on cherche à se rendre compte de la voie suivie par le liquide, on s'aperçoit qu'après avoir rempli le péricarde, il a aussi envahi le *couloir péricardique* qui accompagne la veine afférente obli-que et qui l'enveloppe dans les deux tiers antérieurs de ses parois (Pl. XXIV, *fig.* 1, *fig.* 2 et 3, 4, *fig.* 4, et 5, 2). Ce couloir s'étend jusqu'au niveau de la veine longitudinale antérieure. Là se trouve au dedans de cette veine un orifice elliptique (Pl. XXIV, *fig.* 4. 10) qui met en communication le couloir péricardique avec la cavité du corps de Bojanus. La *fig.* 6 de la Pl. XXIV, qui représente la branchie droite relevée et le corps de Bojanus ouvert par la face inférieure, montre à 14 cet orifice de communication de l'organe de Bojanus et du couloir péricardique. Il se voit également sur la *fig.* 6 de la Pl. XXVII *ter.* Sur la *fig.* 3 de la Pl. XXIV, l'orifice et le corps de Boja-nus ont été incisés par la cavité de la veine longitudinale postérieure, de manière à montrer clairement les relations du couloir péricardique avec la cavité bojanienne. La *fig.* 5 de la même Planche représente la préparation de la *fig.* 4, sur laquelle l'orifice 10 a été incisé en dehors, et la portion pos-térieure du lambeau a été relevée de manière à montrer la cavité bojanienne 6 dans ses relations de continuité avec le sinus péricardique 2, et dans ses relations de voisinage avec la veine longitudinale postérieure, qui est la conti-nuation de la veine afférente oblique 1.

L'orifice que nous étudions est de forme elliptique et de dimensions un peu variables. Il est en bec de flûte et obliquement dirigé de haut en bas et d'avant en arrière, de manière à continuer la direction du couloir péricar-dique. Son bord antérieur se prolonge en arrière en une languette membra-neuse (Pl. XXIV, *fig.* 4) qui joue le rôle de valvule et qui permet au liquide le libre passage du couloir péricardique à la cavité de Bojanus, tout en s'op-posant entièrement ou en partie à son trajet en sens contraire. On comprend ainsi que le liquide excrété dans le péricarde et le couloir bojanien puisse s'écouler dans le sac bojanien, d'où il peut être rejeté par le pore bojanien.

M. de Lacaze-Duthiers, qui a décrit dans l'organe de Bojanus de l'Anodonte une cavité périphérique et une cavité centrale, a émis des doutes sur l'exis-tence de cette partie centrale chez la Moule. Il me semble qu'elle est juste-ment représentée chez cet animal par le couloir que je viens de décrire, et qui, comme la cavité centrale de l'Anodonte, s'ouvre d'une part dans le péri-carde, d'autre part dans la cavité périphérique, et met en communication ces deux cavités.

HISTOLOGIE DE L'ORGANE DE BOJANUS ET DE L'APPAREIL DE LA CIRCU-
LATION. — Après avoir décrit la disposition de l'organe de Bojanus chez la
Moule, il me reste à faire connaître la structure de cet organe et ses rela-
tions, soit avec le système circulatoire, soit avec l'appareil de la respiration.

Si l'on fait une coupe fine de l'organe de Bojanus injecté, et qu'on la
mette sous le microscope, on aperçoit des lignes d'un jaune verdâtre, sinueuses,
formant une sorte de labyrinthe et limitant par une de leurs faces des espaces vides irréguliers qui correspondent à la cavité de l'organe de Bojanus
(Pl. XXVII⁵, $fig.$ 1, 2, 3, 4). Ces lignes colorées sont en contact par l'autre
face avec des espaces remplis par la masse à injection, et forment là des
lacunes sanguines plus ou moins larges, irrégulières et constituant par
places un véritable réseau limité par le tissu de Bojanus (Pl. XXVII⁵, $fig.$ 4).
Dans d'autres points, le tissu bojanien est en contact direct avec les lacunes
du tissu conjonctif qui l'avoisine (Pl. XXVII⁵, $fig.$ 1, 2, 3), ou avec la cavité
même de la grande veine longitudinale 1.

Examinée à un fort grossissement, la bande jaune verdâtre de tissu bojanien est constituée du côté du sang par une mince couche de tissu conjonctif fibrillaire à petits noyaux allongés ($fig.$ 5 et 5', 2), couche qui, ou bien
se continue directement avec les trabécules fibrillaires du tissu conjonctif périphérique ($fig.$ 5 , 6), ou bien forme la paroi même de la grande veine longitudinale ($fig.$ 1, 1, $fig.$ 2, 1, $fig.$ 3, 1). Cette lame mince de tissu conjonctif
est recouverte d'une couche unique de cellules polygonales d'une constitution
particulière ($fig.$ 5, 5', 1). Ces cellules, dépourvues d'enveloppe, sont formées
par une masse de protoplasma très-transparent dans lequel se trouvent de
petites granulations jaune verdâtre sensiblement égales entre elles (Pl. XXVII,
$fig.$ 6). Ces cellules varient de dimensions, et présentent des quantités
assez inégales de granulations colorées. Les granulations remplissent
quelquefois la cellule e, et plus généralement forment une masse centrale
entourée d'une zone hyaline incolore, b, c, f.

De forme polygonale lorsqu'elles sont en place et pressées les unes contre
les autres, ces cellules se détachent facilement et prennent alors la forme
sphérique représentée dans la $fig.$ 6 de la Pl. XXVII. Il m'a été toujours impossible d'y reconnaître la présence des cils vibratiles que M. de Lacaze-,
Duthiers considère comme une disposition générale des cellules de l'organe

10

de Bojanus. Quelques-unes de ces cellules m'ont semblé avoir un noyau incolore placé au milieu des granulations colorées. Chez presque toutes pourtant,
je n'ai rien pu distinguer de semblable, ce qui tenait peut-être à ce que le
noyau était complétement caché au milieu des granulations. Considérées à
l'état libre et sphérique sur une Moule assez forte, ces cellules ont présenté
un diamètre qui variait de $0^{mm},006$ à $0^{mm},016$ et $0^{mm},018$; mais le plus
grand nombre avait de $0^{mm},010$ à $0^{mm},012$ de diamètre. L'épaisseur de la
membrane conjonctive sur laquelle reposaient ces cellules était de $0^{mm},006$.

Il n'est pas douteux que les cellules du corps de Bojanus ne jouent un rôle
important qui correspond, selon les idées généralement reçues, à l'excrétion
urinaire. Elles agissent sur le sang, dont elles ne sont séparées que par une
mince membrane, et en séparent les principes urinaires, qui sont ensuite
rejetés par le pore bojanien.

Nous avons vu que les parois des oreillettes du cœur et la partie antérieure
des parois de la veine afférente oblique présentaient une constitution mamelonnée, caverneuse, très-prononcée, et avaient une coloration brun verdâtre.
Cette coloration est due à une couche de cellules spéciales qui tapissent
extérieurement l'oreillette et la veine afférente oblique, et qui ont par conséquent avec le sang d'une part, et la cavité du péricarde et du couloir oblique
d'autre part, les mêmes rapports que les cellules du corps de Bojanus avec le
sang et la cavité de l'organe de Bojanus. Ces cellules ne sont, en effet,
séparées du sang que par une mince couche de tissu conjonctif, dans laquelle
se trouve un réseau délicat de fibres musculaires qui occupent surtout les
sillons de séparation des saillies mamelonnées.

On est conduit, par cette similitude de forme très-mamelonnée et par cette
identité de rapports avec le sang et la cavité bojanienne, on est conduit, dis-
je, à faire entre l'organe de Bojanus et les parois de l'oreillette et de la veine
afférente oblique un rapprochement qui ne manque pas d'intérêt. Il fallait
demander à l'examen microscopique la mesure dans laquelle ce rapprochement devait être fait.

Une portion d'oreillette ou de veine oblique, examinée à un faible grossissement, et dans le liquide sanguin de l'animal, montre une couche de cellules
arrondies faisant saillie à la surface du mamelon auriculaire (Pl. XXV,
fig. 2 et 2').

Ces cellules (Pl. XXVII, *fig.* 5), comparées aux cellules du corps de Bojanus, ont des dimensions assez semblables, puisqu'elles ont de $0^{mm},012$ à $0^{mm},02$ de diamètre. Elles sont aussi dépourvues d'enveloppe ; elles contiennent des granulations brun verdâtre et semblables à celles des cellules bojaniennes, quoique beaucoup plus rares et disséminées. Mais ce en quoi ces cellules diffèrent de celles de l'organe de Bojanus, c'est qu'elles sont pourvues d'un noyau volumineux, très-clair, qui est quelquefois double sur les plus grandes cellules. Ce noyau ne parait pas avoir d'enveloppe et se distingue surtout par l'espace qu'il occupe et d'où il a repoussé les granulations cellulaires. Au centre du noyau se voit souvent un nucléole. Autour de ce noyau on trouve, avec les grains colorés, quelques granulations plus volumineuses, à formes anguleuses, d'aspect presque cristallin, réfringentes, inégales et incolores. La quantité de grains colorés et de granulations réfringentes m'a paru présenter de grandes variations dont je n'ai pu déterminer les conditions. Ces variations influent beaucoup sur le degré de coloration des parois de l'oreillette.

Cet examen m'a conduit à penser que les cellules des parois auriculaires et veineuses exerçaient très-probablement sur le sang de ces cavités un rôle d'épuration et d'excrétion, que ce rôle pouvait bien être partiellement analogue à celui des cellules bojaniennes, mais qu'il devait s'en distinguer à certains égards et représenter une action spéciale.

Il sera peut-être possible d'établir un jour que, tandis que les cellules du corps de Bojanus président à l'excrétion de l'acide urique, celles de l'oreillette et de la veine afférente oblique participent dans une certaine mesure à cette fonction, mais qu'elles ont surtout pour rôle l'élimination des phosphates et des sels de chaux. On sait en effet que l'on a recueilli dans le corps de Bojanus à la fois de l'acide urique, et des calculs de phosphate calcaire et de phosphate magnésien.

C'est là du reste un point que je signale, et qui demande un examen ultérieur approfondi.

Le ventricule du cœur présente des parois minces, contractiles, lisses extérieurement, d'aspect aréolaire à l'intérieur. Elles sont composées essentiellement d'une couche de tissu conjonctif, à la face interne de laquelle se trouvent appliqués des faisceaux musculaires formant un réseau très-élégant (Pl. XXVII[4], *fig.* 10). Ces trabécules ou faisceaux musculaires offrent des dimensions assez inégales, et comprennent entre eux des mailles de grandeurs variables. C'est à la présence de ces faisceaux saillants à l'intérieur qu'est dû l'aspect aréolaire de la paroi du ventricule (Pl. XXVII², *fig.* 2, 11). Les fibres musculaires qui composent ces faisceaux sont très-fines, lisses, légèrement colorées en jaune.

Les faisceaux sont recouverts à l'intérieur par un dédoublement de la membrane conjonctive qui forme un vernis granuleux à leur surface. Sur ce vernis se trouvent par places des plaques d'endothélium (Pl. XXVII⁴, *fig.* 7), dont quelques cellules présentent un noyau 1, tandis que d'autres 2 en paraissent dépourvues. Ces cellules, de forme elliptique, sont disposées le plus souvent en séries assez régulières 2. La *fig.* 7 reproduit une préparation où la solution de nitrate d'argent au 0,03 avait dessiné les limites des cellules de l'endocarde sur des faisceaux musculaires.

A l'extérieur, la membrane conjonctive du cœur ou exocarde est tapissée d'une manière un peu irrégulière par des cellules très-délicates (Pl. XXVII⁴, *fig.* 8) ressemblant beaucoup, par les dimensions et par la forme elliptique, à celles de l'endocarde, mais formant pourtant une couche plus continue et plus régulière. De ces cellules, les unes ont des noyaux très-évidents qui semblent manquer à d'autres. Par places, cette couche devient très-régulière et forme une sorte d'endothélium polygonal, *fig.* 9.

Les oreillettes sont composées d'une couche de tissu conjonctif élastique tapissée à l'intérieur d'un réseau de fibres musculaires qui sont loin d'avoir la puissance de celles du ventricule. Ces fibres s'entre-croisent dans tous les sens et forment une couche relativement mince, qui acquiert plus d'importance dans la portion lisse de l'oreillette et dans les sillons de séparation des mamelons, tandis qu'elle tend à disparaître vers le fond des culs-de-sac. Les fibres musculaires sont recouvertes intérieurement d'un vernis conjonctif granuleux sur lequel je n'ai pu distinguer des cellules endothéliales. Sur la face externe de la couche élastique repose la couche de cellules à pigment brun, dont j'ai déjà suffisamment parlé à propos de l'organe de Bojanus.

La veine afférente oblique, dont l'oreillette n'est que l'épanouissement, a la même structure qu'elle. Dans la portion lisse de cette veine se trouve un réseau délicat de fibres musculaires. Malgré l'emploi du nitrate d'argent, je n'ai pu découvrir un endothélium tapissant ses parois.

La constitution des artères est assez remarquable. Elles possèdent extérieurement une couche de tissu conjonctif qui n'est nullement distinct de
celui des organes environnants, ce qui fait qu'on isole très-difficilement ces
vaisseaux. Au-dessous se trouve la couche musculaire, dont la disposition a
quelque chose de frappant. Les fibres musculaires ne sont point disposées
par couches circulaires ou longitudinales, comme cela a lieu le plus souvent
dans la série animale, mais elles se présentent sous la forme de rubans de
dimensions un peu variables, rubans qui s'entre-croisent dans tous les sens et
qui se dédoublent, se fusionnent, s'anastomosent et forment un lacis très-
serré et très-épais (Pl. XXVII⁴, *fig.* 6). Ce qui caractérise ces rubans, c'est
qu'ils sont parfaitement rectilignes et conservent leur indépendance sur un
parcours relativement long, de telle sorte qu'ils paraissent et disparaissent à
l'œil à plusieurs reprises, selon qu'ils passent au-dessus ou au-dessous des
rubans qui les croisent. Les mailles comprises entre ces rubans musculaires
ont une forme très-généralement triangulaire, et sont occupées par un tissu
conjonctif riche en granulations brunes, sur lequel les rubans blancs des muscles se dessinent très-nettement. Plus le vaisseau est d'un gros calibre, plus
aussi la couche musculaire est épaisse et plus les rubans sont larges. Sur
l'aorte d'une Moule assez grosse ils avaient une largeur moyenne de $0^{mm},009$.
A mesure que les vaisseaux perdent de leur diamètre, les rubans deviennent
plus minces et plus rares. On peut se rendre compte de ce fait en suivant au
microscope le trajet de la grande palléale sur le manteau suffisamment transparent d'une petite Moule.

Au-dessous de la couche musculaire se trouve une intima conjonctive
très-mince sur laquelle repose un endothélium composé de cellules losangiques dont la présence et la disposition sont nettement révélées par la solution de nitrate d'argent. Les cellules endothéliales sont pour la plupart
losangiques, à bords ondulés (Pl. XXVII⁴, *fig.* 1, *fig.* 2, *fig.* 3, *fig* 4).
On trouve des noyaux elliptiques réfringents sur la ligne de contact des
cellules voisines, et souvent au point où convergent les limites de trois
cellules. Sur l'aorte, *fig.* 1, les cellules ont en général $0^{mm},025$ de longueur
sur $0^{mm},012$ de largeur. Quelques-unes m'ont paru avoir un noyau très-peu
apparent et rond au centre de la cellule.

Les vaisseaux de moindre calibre que l'aorte possèdent aussi cet endothélium ; mais les cellules prennent une forme plus allongée, et les lignes de séparation deviennent plus délicates et plus difficiles à voir (*fig.* 4, *fig.* 3, *fig.* 3, *fig.* 2).

Les troncs veineux, si l'on en excepte la veine afférente oblique dont j'ai déjà parlé, n'ont pas de parois distinctes du tissu conjonctif des organes et du corps de l'animal. Je n'ai pu, même sur les gros troncs, reconnaître la présence du tissu musculaire. Il fait entièrement défaut, et les parois veineuses sont formées par du tissu conjonctif fibrillaire et élastique limitant la cavité veineuse et se continuant, sans ligne de démarcation, avec le tissu conjonctif des parties voisines. Au reste, les veines sont loin de présenter un calibre régulier comme celui des artères. Ce sont des canaux anfractueux, inégaux, à parois criblées d'orifices, représentant même quelquefois plutôt des séries d'excavations communiquant entre elles que de véritables canaux distincts et réguliers. Sur de gros troncs veineux, comme le sinus compris entre les muscles rétracteurs antérieurs du pied, la paroi veineuse cutanée est formée de tissu conjonctif dont les fibres, disposées parallèlement à l'axe du vaisseau, résistent à l'action de l'acide acétique et participent des propriétés du tissu élastique. La veine afférente oblique seule présente une constitution particulière et une couche extérieure de cellules sur laquelle j'ai suffisamment insisté. Cette veine n'est du reste qu'une portion allongée de l'oreillette, et participe de la constitution de cette dernière.

Les veines d'un gros calibre possèdent-elles un endothélium qui tapisse le tissu conjonctif limitant? J'avais d'abord cru à l'absence absolue de cet endothélium, parce que, même sur les préparations au nitrate d'argent, il avait échappé à mon observation. Pour être exact, je dois dire que cette couche m'a paru manquer dans toutes les petites veines, et que sur quelques grosses veines je n'ai pu en trouver des traces que dans des points très-restreints. Les cellules que j'ai observées dans une partie *très-peu* étendue du tronc d'une grosse veine ascendante du manteau avaient une forme polygonale non allongée, et étaient séparées par une ligne extrêmement délicate.

Je n'ai pas l'intention de m'étendre longuement ici sur la question si discutée de la circulation dite lacunaire. En renvoyant aux travaux de MM. Milne Edwards, Souleyet, de Quatrefages, Blanchard, au long rapport présenté sur ce sujet à la Société de Biologie en 1851 par M. Robin, et aux travaux plus

récents d'Owen sur l'*Anatomie de la Térébratule*, et de Langer sur la circulation de l'Anodonte, je ne crains pas de dire que sur ce point on a fait jouer
aux questions de mots un rôle très-important et au fond regrettable. La
question n'est ni si complexe ni si obscure qu'on l'a faite ; tout dépend de
la définition et du sens que l'on attache aux mots. Repousser l'expression de
circulation ou *système lacunaire* par la raison que nulle part le sang dans
le courant circulatoire ne baigne *à nu* les organes et qu'il se trouve toujours
séparé de leur tissu et endigué par une substance conjonctive, c'est faire
une objection plus spécieuse que solide, attendu que le tissu conjonctif entre
toujours dans la composition des organes et qu'il en revêt partout non-seulement la surface, mais les éléments propres, tels que fibres musculaires,
fibres nerveuses, cellules glandulaires, etc. Il n'en est pas moins vrai que,
dans la constitution du système circulatoire d'un très-grand nombre d'animaux, et les mollusques lamellibranches sont de ce nombre, il y a des points
où les *parois propres* des vaisseaux font réellement défaut, et où le sang
n'est limité et contenu que par une paroi de tissu conjonctif qui n'est nullement distincte du tissu conjonctif des parties voisines, et qui se continue
directement avec lui. Nous venons de voir en effet que chez la Moule les troncs
veineux n'étaient pas autrement constitués. Mais il y a plus: chez cet animal,
le sang, en partant des artères et des capillaires (car nous verrons qu'il y a
aussi de vrais capillaires), passe dans un réseau de petites cavités uniquement limitées par les trabécules du tissu conjonctif et dépourvues de parois
propres. C'est ce que nous avons vu autour de l'estomac et de l'intestin
(Pl. XXVII *ter, fig.* 1, 4, 4, *fig.* 2, 1). C'est encore ainsi que le manteau
(Pl. XXVII^s *fig.* 3, 12), le canal afférent de la branchie, sont creusés de lacunes
identiques à celles du réseau de Bojanus (Pl. XXVII^s, *fig.* 3, 4) limitées
uniquement par des lamelles et des trabécules du tissu conjonctif fibrillaire
de l'animal. Ces lacunes, représentées en bleu dans les *fig.* 1, 2 et 3 de la
même Planche, prennent des dimensions plus considérables et communiquent
plus largement entre elles là où elles doivent, par leur succession, former
un véritable canal veineux. C'est ce qui se voit clairement sur la *fig.* 1, 6,
où la coupe a porté longitudinalement sur la veine dorsale d'un des organes
godronnés; c'est ce qui se voit également *fig.* 2 et 3, 6, où ce dernier chiffre
désigne la coupe de la veine horizontale du manteau.

Mais le système à petites lacunes que je viens de décrire n'est point la seule voie intermédiaire entre les artères proprement dites et les veines. Chez la Moule, la membrane musculaire des artères diminue d'importance à mesure que le calibre décroît. Cette couche finit par disparaître, et les artères se trouvent réduites à la couche conjonctive externe et à l'intima tapissée par un endothélium dont j'ai déjà donné la description. C'est ce que l'on voit sur des artères de 0^{mm},05 de diamètre environ. Mais à ces artères succèdent de vrais capillaires de 0^{mm},02 environ, qui ont pour toute paroi l'intima tapissée par des cellules endothéliales très-délicates (Pl. XXVII', *fig.* 5, 2, 3). Ces petits vaisseaux s'anastomosent plus ou moins entre eux, et forment quelquefois de vrais réseaux, mais seulement dans la couche tout à fait superficielle des parties ou des organes.

L'importance de ces réseaux capillaires artériels me paraît avoir été fort exagérée par le professeur Kollmann [1], qui attribue notamment à leur réplétion le gonflement énorme du pied des Mollusques : toutes mes observations et toutes mes expériences vont à l'encontre de cette idée, et me permettent d'affirmer que c'est au réseau lacunaire du pied que doit être réellement attribuée la dilatation temporaire de cet organe.

Aux vrais capillaires *vasculaires* formés par une membrane anhiste tapissée par un endothélium délicat, font suite les capillaires *lacunaires*, qui sont généralement d'un calibre plus considérable que les premiers, et qui n'ont qu'une paroi conjonctive dépendante des tissus voisins et non revêtue d'endothélium. La *fig.* 2 de la Pl. XXVII' reproduit les relations d'une petite artériole de la base du palpe labial avec un réseau de capillaires lacunaires. L'artériole 1, ayant 0^{mm},04 de diamètre, est encore pourvue de quelques fibres musculaires et d'une lame conjonctive interne ou intima, tapissée d'endothélium. De la paroi artérielle se détachent successivement des canaux d'un calibre variable de 0^{mm},02 à 0^{mm},03, qui s'anastomosent entre eux pour former un véritable réseau à mailles plus ou moins arrondies. Mais, à mesure que l'artériole fournit des canalicules latéraux, son calibre diminue, ainsi que l'épaisseur de ses parois; et quand, au point 3, elle a atteint le calibre de 0^{mm},015, elle est réduite à l'intima et à l'endothélium. On trouve

[1] Kollmann; *Zeitschrift f. w. Z.*, loc. cit.

des traces d'endothélium jusqu'au point où le vaisseau perd son individua-
lité pour se résoudre en un bouquet de canalicules. Quant aux canalicules
qui naissent de l'artériole, ils sont dépourvus d'endothélium, et n'ont pour
paroi qu'une couche conjonctive qui n'est pas distincte du tissu conjonctif
de l'organe. On a donc là un véritable réseau capillaire qui, en réalité, n'est
point formé de vaisseaux proprement dits, mais bien de lacunes conjonctives sans endothélium.

Ces réseaux capillaires lacunaires prennent des formes très-déterminées et
variables suivant les organes. C'est ainsi que dans le reste du palpe labial
on peut voir l'artère du palpe (Pl. XXIII, *fig*. 9, 5) donner naissance par ces
deux bords opposés à une série régulière de canaux lacunaires dépourvus
d'endothélium, qui s'en détachent à angle droit. Ces canaux, d'un calibre très-
inégal et très-irrégulier du reste, sont reliés entre eux par des canaux lacunaires qui leur sont perpendiculaires et qui limitent des séries de mailles
elliptiques assez régulières. Cette disposition donne, à la loupe, l'aspect
reproduit *fig*. 9, Pl. XXIII. Il y a donc là un véritable réseau ; mais on ne
saurait le considérer comme formé de vrais capillaires, si, comme on le fait
généralement, on entend par capillaires des éléments vasculaires formés d'une
membrane élastique anhiste tapissée par un endothélium.

Dans le foie, aux capillaires vasculaires succèdent les capillaires lacunaires
compris entre les culs-de-sac glandulaires et les tubes. Ainsi, la *fig*. 3 de la
Pl. XXVII⁴ montre une artériole 2 de 0ᵐᵐ,04 de diamètre donnant naissance à deux capillaires vasculaires 3 pourvus d'endothélium, qu'ils perdent en
débouchant dans les lacunes 4 comprises entre les culs-de-sac glandulaires 5.
La membrane conjonctive du capillaire vasculaire se continue avec le tissu
conjonctif qui forme l'enveloppe des acini hépatiques, mais l'endothélium
disparaît. Ces capillaires lacunaires s'anastomosent entre eux et forment un
réseau dont les mailles sont naturellement déterminées par la forme et la
situation des tubes glandulaires.

Dans l'intérieur des muscles, les capillaires lacunaires, limités par le tissu
conjonctif qui enveloppe les fibres musculaires, prennent une forme étroite,
allongée et parallèle à la direction des fibres musculaires, entre lesquelles
se trouvent ces lacunes sanguines (Pl. XXVII³, *fig*. 3, 9').

Il est donc facile de comprendre que les réseaux lacunaires revêtent des

11

formes variables selon les organes auxquels ils appartiennent. Limités par le tissu conjonctif de ces organes, ils obéissent à la distribution et à la forme de ce tissu conjonctif. Mais, pour avoir des formes variées et définies suivant les organes, ces réseaux n'en appartiennent pas moins au système *lacunaire*, c'est-à-dire n'en sont pas moins des espaces limités par du tissu conjonctif sans doute, mais sans parois propres, sans éléments variés et sans endothélium. C'est là vraiment le point de vue auquel il convient de se placer, et le terrain sur lequel il ne saurait y avoir de confusion et de discussions stériles. La forme des voies capillaires ne suffit point pour qu'on leur accorde ou leur refuse la dignité de vaisseaux. Les anatomistes qui, comme Langer, ont conclu de la forme à la fois variée et régulière des réseaux capillaires, à leur autonomie comme vaisseaux, ont commis, à mon avis, une pétition de principe regrettable. Ces réseaux, lorsqu'ils appartiennent aux parties parenchymateuses et à la profondeur des tissus, et souvent même à des surfaces, sont composés de véritables lacunes ou canaux limités par le tissu conjonctif des organes, mais sans parois autonomes.

Ainsi donc, le système vasculaire de la Moule et celui des acéphales lamellibranches comprend d'une part des artères et des capillaires vrais, ou capillaires vasculaires, qui sont les uns et les autres pourvus de parois propres, et d'autre part des veines presque toutes sans parois propres et des pseudocapillaires, ou capillaires lacunaires. Il y a donc lieu de donner une désignation spéciale à ces portions du système circulatoire qui n'ont pas d'autonomie, et de leur conserver la désignation de voies *lacunaires* que leur a donnée M. Milne-Edwards.

Le sang se compose d'un liquide légèrement albumineux et chloruré, et de globules ou cellules qui offrent quelques particularités remarquables. Ces cellules (Pl. XXVII, *fig.* 8; Pl. XXVI, *fig.* 9, 3) sont tout à fait incolores et dépourvues d'enveloppe. Leur diamètre varie depuis $0^{mm},008$ à $0^{mm},020$, mais est de $0^{mm},012$ en moyenne. Elles sont pourvues d'un gros noyau renfermant lui-même un ou deux nucléoles et de nombreuses granulations. Ces globules sont peu nombreux, si l'on compare le sang de la Moule à celui des Vertébrés. Leur forme est sphérique, mais susceptible de déformations remarquables, car ils sont capables de mouvements amœbiformes très-prononcés. Dans ce dernier cas, la forme du noyau restant invariable, l'atmosphère de protoplasma qui l'enveloppe se hérisse de saillies de pointes coniques et devient stelliforme et très-irrégulière (Pl. XXVI, *fig.* 8). Ces mouvements, assez lents, sont dans quelques cas presque continus, de telle sorte que la forme des globules se modifie incessamment sous le regard de l'observateur.

VII.

APPAREIL DE LA RESPIRATION.

La respiration de la Moule s'opère sur plusieurs surfaces différentes. Chez elle, comme chez tous les mollusques lamellibranches, la face interne du manteau doit être considérée comme un organe de la respiration. Quand le manteau, devenu épais et glandulaire, ne peut accomplir efficacement cette fonction, nous avons vu que les organes godronnés le suppléaient. Enfin les branchies constituent l'organe respiratoire proprement dit.

Les branchies forment entre le manteau et le corps quatre feuillets très-élégants dont deux occupent le côté droit et les deux autres le côté gauche (Pl. XXIV, *fig.* 3 ; Pl. XXV, *fig.* 3 ; Pl. XXVII *ter*, *fig.* 6). Elles ont la forme de lames continues suspendues perpendiculairement d'avant en arrière dans la cavité du manteau. Les feuillets, distingués en feuillet interne et feuillet externe, présentent un bord supérieur adhérent, et descendent ensuite verticalement, pour se replier brusquement à un certain niveau et remonter en formant une lame parallèle à la précédente. Cette lame ascendante se termine supérieurement par un bord libre qui est occupé par le vaisseau efférent de la branchie (Pl. XXVII *ter*, *fig.* 6, 5, 5).

Le feuillet interne se replie en dedans; le feuillet externe se replie en dehors. Il y a donc entre la lame adhérente et la lame libre de chaque feuillet une sorte d'intervalle ou poche très-aplatie ouverte supérieurement. Cet intervalle, suffisant pour permettre la libre circulation de l'eau, ne peut pas être fortement élargi, car, comme nous le verrons plus tard, il y a, à partir d'un certain niveau qui correspond à peu près à la réunion du tiers supérieur avec le tiers moyen, il y a, dis-je, des trabécules élastiques qui relient la lame adhérente à la lame libre. Le bord adhérent et le bord libre de chaque feuillet sont placés côte à côte, et représentent une ligne à

peu près horizontale (Pl. XXVII *ter*, *fig*. 6). Le bord inférieur, qui répond
au repli du feuillet branchial, forme au contraire une courbe à concavité
supérieure, de telle sorte que la lame branchiale va en diminuant progressivement de largeur, soit en avant, soit en arrière, et se termine dans les deux
sens par un angle aigu. Le bord adhérent de la branchie s'attache aux parois
latérales du corps, dans l'angle qui sépare le manteau de la masse viscérale,
jusqu'à la face inférieure du muscle adducteur postérieur des valves. A ce
niveau, le bord supérieur de la branchie devient libre (Pl. XXV, *fig*. 3)
jusqu'à l'extrémité postérieure, qui s'insère sur la face antérieure de la membrane anale.

La branchie, considérée dans son ensemble et avant toute altération, a
l'aspect d'une lame continue dans un sens perpendiculaire à sa longueur. Mais
si on la touche sans de grandes précautions, on la voit se fendre sur un ou
plusieurs points dans le sens des stries; et si l'on continue à l'agiter, elle se
divise et se décompose en un très-grand nombre de filets très-déliés, correspondant aux stries fines qui caractérisent l'aspect de la branchie intacte.

Ces filets sont unis entre eux, mais faiblement, par de petits organes ou
disques qui se trouvent placés de distance en distance (Pl. XXVII, *fig*. 9,
2, 2, 2) et se rompent facilement. Ils ne s'anastomosent pas entre eux,
mais ils partent du bord adhérent de la branchie occupé par le canal afférent, descendent directement jusqu'au bord inférieur du feuillet branchial,
se coudent là à angle très-aigu ouvert en haut, et remontent directement
dans la lame libre, jusqu'au vaisseau efférent, où ils aboutissent.

Il existe toujours entre deux filets voisins un intervalle en forme de longue fente, interrompu par les disques, et à travers lequel l'eau pénètre. Ces
filets sont creusés d'un canal à l'intérieur et forment des tuyaux aplatis dans
le sens antéro-postérieur. Ils présentent donc deux faces, l'une antérieure,
l'autre postérieure, et deux bords, l'un extérieur par rapport à la poche
formée par le feuillet branchial, et l'autre intérieur.

Ils sont composés d'une substance conjonctive élastique très-résistante, et
sont revêtus extérieurement de cellules dont la forme varie suivant les
régions. Sur les faces des filets se trouve une couche simple d'épithélium
pavimenteux très-délicat, et dont, à l'état frais, les contours sont invisibles.
On n'aperçoit alors que les noyaux (Pl. XXVI, *fig*. 3). Si l'on traite le filet

branchial par le nitrate d'argent ou par le chlorure d'or, on aperçoit alors nettement les contours des cellules, qui sont polygonales et ont de $0^{mm},010$ à $0^{mm},012$ de diamètre, avec des noyaux de $0^{mm},004$ à $0^{mm},006$ (Pl. XXVI, *fig.* 3'). Sur le bord intérieur du filet, l'épithélium devient plus épais et forme une sorte de bourrelet. Les cellules deviennent plus volumineuses et prennent une forme allongée; leurs noyaux s'allongent aussi, deviennent plus gros et se remplissent de granulations brunâtres (Pl. XXVI, *fig.* 3, 1, *fig.* 4, *fig.* 5). Ni les cellules des faces, ni celles du bord intérieur ne sont pourvues de cils vibratiles. Il n'y a d'exception que pour quelques rares cellules de la face interne au voisinage du bord intérieur, cellules qui sont surmontées par un grand cil vibratile très-fort, ou flagellum (Pl. XXVI, *fig.* 2), dont la longueur égale et dépasse même la largeur de l'espace qui sépare deux filets voisins, et dont les mouvements se font avec lenteur de bas en haut, et très-vivement au contraire de haut en bas. Dans leur mouvement ascendant, ils ne dépassent pas la position horizontale; dans leur mouvement descendant, ils s'appliquent vivement contre la face du filet. Ces cils sont du reste assez clair-semés. Leur rôle se rattache évidemment au renouvellement de l'eau respirable, et au rejet des corps étrangers qui se sont engagés dans les fentes branchiales.

Sur le bord extérieur du filet, la nature de l'épithélium change aussi ; les cellules deviennent plus grandes et prennent la forme de carrés allongés, placés en deux ou trois séries régulières (Pl. XXVI, *fig.* 3, 3). Leurs noyaux deviennent aussi rectangulaires, volumineux et très-riches en granulations un peu brunes, mais beaucoup moins que celles du bord intérieur. Ces cellules ont environ $0^{mm},12$ de diamètre. En dedans de ces deux séries de cellules rectangulaires et sur le bord extérieur de la lamelle, se trouve implantée, de chaque côté, une ligne de petites cellules cylindriques surmontées d'un très-long cil (Pl. XXVI, *fig.* 3, 4, *fig.* 6, 2, *fig.* 7). Ces cellules sont placées en série régulière et continue ; elles sont très-petites, puisqu'elles n'ont que $0^{mm},008$ de longueur et tout au plus $0^{mm},003$ de largeur. Elles sont pourvues d'un petit noyau elliptique placé près du sommet, et se terminent en cône pour s'effiler en un cil long et fort de $0^{mm},05$ à $0^{mm},06$ de longueur, dont les mouvements d'ensemble s'aperçoivent parfaitement à la loupe et même à l'œil nu sur une Moule vivante, dont la branchie est simplement humectée et non plongée dans l'eau. Ces cils forment donc, sur les côtés du bord extérieur de chaque filet, deux belles séries très-régulières et très-élégantes (Pl. XXVI, *fig.* 3, 4, *fig.* 4, 4, *fig.* 1, *fig.* 6, 2).

Les mouvements de ces cils sont très-remarquables ; ils se recourbent vivement vers la fente qui sépare les deux filets branchiaux voisins et un peu en bas; ils se relèvent ensuite plus lentement pour se recourber de nouveau. Comme ces cils sont très-nombreux et qu'ils agissent presque simultanément pour une même région, on comprend qu'ils poussent l'eau dans la fente interbranchiale et un peu en bas, et qu'ils provoquent un renouvellement rapide de l'eau qui est en contact avec les faces latérales du filet branchial.

Les deux rangées de cils vibratiles occupent toute la longueur du filet branchial, excepté au voisinage des embouchures de ces filets dans les canaux afférent ou efférent. Au niveau du bord inférieur de la branchie, c'est-à-dire à l'angle très-aigu formé par le filet (Pl. XXVI, *fig.* 4), les deux rangées de cils abandonnent pour ainsi dire les bords du filet pour s'infléchir en courbes concaves supérieurement sur les faces latérales, et venir converger en formant un angle très-ouvert inférieurement, au niveau duquel les cils diminuent de longueur et finissent par disparaître. Au reste, les lamelles branchiales voisines adhèrent faiblement l'une à l'autre, suivant cette ligne à triple inflexion.

Au-dessous de cette ligne infléchie formée par la rencontre des deux séries de cils d'un même côté du filet, le filet branchial présente une constitution toute spéciale: il forme deux tubérosités renflées (Pl. XXVI, *fig.* 4, 3, *fig.* 4') composées d'un amas de cellules épithéliales dont les profondes sont petites et polyédriques, tandis que les superficielles ont pris une forme cylindrique et sont pourvues de longs cils vibratiles. Les petites cellules polyédriques ont de petits noyaux à granulations incolores. La plupart des cellules cylindriques de la surface ont des noyaux plus volumineux et remplis de granulations brunâtres, *fig.* 4'. Entre les deux tubérosités épithéliales d'un même filet se trouve une échancrure profonde qui, s'ajoutant aux échancrures des filets qui précèdent et qui suivent, forme un sillon très-vibratile qui occupe le bord inférieur de la branchie. Comme les cils très-forts qui occupent ces tubérosités et le sillon se meuvent tous dans le même sens, c'est-à-dire s'inclinent vivement en avant, on comprend le rôle que joue cette portion de l'appareil respiratoire pour conduire les matières alimentaires entre les palpes buccaux, et par conséquent à la bouche.

Au reste, ces tubérosités épithéliales ne sont que la continuation et l'exagération de deux rangées de cellules épithéliales de forme rectangulaire qui occupent le bord extérieur du filet branchial entre les deux rangées de cellules vibratiles (Pl. XXVI, *fig.* 6, 1). Ces cellules, qui sont exactement comparables à celles qui sont de l'autre côté des cellules ciliées, ne sont pas pourvues de cils dans la longueur du filet, et n'en acquièrent qu'au voisinage du renflement inférieur (Pl. XXVI, *fig.* 4).

Les filets branchiaux sont creusés d'un canal dont les deux extrémités sont en relation, l'une avec le vaisseau afférent, l'autre avec le vaisseau efférent de la branchie. La lumière de ce canal présente une forme spéciale. Sur des coupes pratiquées sur des filets injectés ou non (Pl. XXVII[s], *fig.* 7 et 8), on constate que la membrane conjonctive qui forme la paroi propre du canal est très-mince au niveau des faces antérieure et postérieure du filet, puisqu'elle a de $0^{mm},02$ à $0^{mm},03$, et qu'elle s'épaissit progressivement au niveau des bords interne et externe du filet et y forme des renflements très-prononcés, mais dont les dimensions sont quelquefois assez inégales pour les deux bords du filet. Ces renflements présentent à la coupe des stries concentriques très-délicates qui dénotent dans l'épaisseur de la couche un certain degré de stratification. Les renflements internes et externes 1, 2 sont séparés l'un de l'autre par une gouttière profonde et très-étroite dont le fond est constitué par des portions très-amincies de la membrane conjonctive, ou connectifs interne et externe 9, 10. Il résulte de là que la lumière du canal 5 a la forme d'une ellipse très-allongée pourvue de deux prolongements très-étroits aux deux extrémités de son grand diamètre, tandis que la coupe du filet présente au contraire la forme d'un parallélogramme à angles très-arrondis, renflé vers les extrémités. Ces renflements extrêmes proviennent à la fois des renflements de la membrane conjonctive et des bourrelets épithéliaux (*fig.* 7, 3 et 8) qui recouvrent les deux bords du filet.

Au niveau de l'angle très-aigu formé inférieurement par le pli du filet, l'épithélium brunâtre du bord intérieur s'épaissit; les cellules et les noyaux deviennent plus gros (Pl. XXVI, *fig.* 4, 6). Dans la cavité du filet se trouve à ce niveau, et au-dessus des tubérosités inférieures, un cône 5 saillant dans la cavité et constitué histologiquement comme la portion centrale des tubérosités 3, dont il n'est que la continuation. Les éléments de ce cône, tout à fait incolores, se distinguent très-nettement des éléments pigmentés en brun de la couche 6, *fig. 4*, qui sont extérieurs.

Les filets branchiaux étant aplatis ont extérieurement deux faces, dont la largeur est de $0^{mm},16$ à $0^{mm},25$ chez les animaux de taille moyenne et de grande taille. Sur une forte Moule, la plus grande épaisseur du filet branchial était de $0^{mm},04$; l'intervalle qui sépare les deux rangées de longs cils vibratiles était de $0^{mm},022$.

La largeur de la fente ou boutonnière qui séparait deux lamelles voisines était, au repos, de $0^{mm},035$, et les cils vibratiles des deux rangées avaient $0^{mm},058$ de longueur, ce qui permettait aux deux rangées de cils qui occupaient les deux bords de la fente de recouvrir largement cette fente quand elles se courbaient vers elle pour y pousser l'eau ambiante.

Le diamètre transversal du canal des filets branchiaux non déformés et dans leur position normale varie suivant les dimensions de l'animal; mais il est intéressant de noter, pour un même animal, quels sont les rapports de ce diamètre avec celui des corpuscules du sang. C'est ainsi que, sur une Moule, le petit diamètre du canal branchial étant de $0^{mm},012$, le diamètre moyen des globules sanguins non déformés était de $0^{mm},012$. Sur une autre Moule, le diamètre du canal étant de $0^{mm},011$, celui des globules sanguins était de $0^{mm},008$ à $0^{mm},012$. Dans un autre cas, le petit diamètre du filet étant de $0^{mm},020$, les globules avaient un diamètre variant de $0^{mm},018$ à $0^{mm},022$. Ces rapports, pris sur l'animal mort mais encore non altéré, sont intéressants en ce qu'ils font comprendre que les globules, ayant un diamètre à peu près égal et quelquefois supérieur à celui du calibre moyen du filet, éprouvent de la peine à circuler dans les filets branchiaux et tendent à les obstruer.

Aussi trouve-t-on généralement sur l'animal mort par asphyxie les filets branchiaux bourrés de globules sanguins. Ainsi s'explique encore l'insuccès trop général des injections de la branchie chez la Moule. Tandis en effet que, chez la plupart des mollusques lamellibranches, la branchie s'injecte facilement et se remplit entièrement d'injection, chez la Moule, au contraire, il est tout à fait exceptionnel de voir les filets branchiaux injectés, même partiellement. Sur un très-grand nombre d'injections, soit générales, soit partielles, que j'ai pratiquées sur la Moule, en variant les points d'élection et les masses à injection, je n'ai que très-rarement injecté quelques filets branchiaux, et encore d'une manière incomplète. Ces résultats constants avaient frappé mon attention, et m'avaient conduit à penser que la circulation branchiale était très‑embarrassée et très‑imparfaite chez la Moule, et que la respiration y était par conséquent moins active que chez les mollusques lamellibranches en général. D'autres considérations, sur lesquelles je reviendrai plus tard, venaient du reste à l'appui de cette opinion, que j'ai dû modifier quand j'ai découvert des appareils très‑intéressants destinés à favoriser le travail de la circulation et de la respiration dans les filets branchiaux.

Les filets branchiaux sont en communication par leurs deux extrémités avec le système vasculaire. Ils partent d'un canal afférent et aboutissent à un canal efférent. Le canal afférent n'est pas un vaisseau proprement dit, et est loin d'être constitué par une cavité unique et distincte. Dans toute la partie adhérente du bord supérieur de la branchie, les feuillets branchiaux l'un à l'autre sont plongés au milieu d'un tissu conjonctif criblé de lacunes sanguines. Sur une coupe transversale (Pl. XXVII^b, fig. 1, 2, 3, 6) examinée au microscope, on voit que ces lacunes sont en relation de voisinage avec l'organe de Bojanus (fig. 1, 4, fig. 2, 4; fig. 3, 4), qui même les enveloppe et forme une sorte de gouttière inférieure dans laquelle est reçu le bord adhérent de la branchie. Le sang qui remplit ces lacunes provient des sinus veineux parcourant les replis multipliés de cet organe. Les filets branchiaux naissent par paires au milieu de ce tissu par une extrémité commune arrondie (Pl. XXVII^b, fig. 1, 2, 3, 3, fig. 6, 1). Cette extrémité, vue sur une coupe transversale de l'animal, présente un renflement supérieur (fig. 6, 1) du bord intérieur des deux filets branchiaux, renflement qui a la même structure que les bourrelets de ce bord intérieur (fig. 8, 1). On y voit en effet des stries concentriques divergentes supérieurement et qui convergent inférieurement en un angle très‑aigu qui correspond au connectif très‑mince (fig. 7 et 8, 9) du bord interne du filet. La ligne de contact des renflements des deux filets d'une même paire est marquée par une sorte de raphée. De ce renflement conjonctif part un cône de trabécules conjonctives séparées par des lacunes (Pl. XXVII⁵, *fig*, 6, 5, *fig*, 1, 2, 3), cône dont l'axe est oblique de bas en haut et de dedans en dehors, et qui, passant entre les grandes lacunes voisines, forme pour ainsi dire le *ligament suspenseur du filet*. C'est la réunion de ces cônes fibreux qui constitue la lame représentée en 12 (Pl. XXIV, *fig*. 6), à laquelle est suspendue la lame branchiale.

Les deux filets jumeaux présentent, à partir du point où ils se séparent, une masse épithéliale (*fig*. 6, 3) renflée en haut, et qui se rétrécit progressivement en bas pour se continuer avec les cellules du bord extérieur du filet branchial. Ces formations épithéliales, que nous reverrons à propos du vaisseau efférent, sont composées d'une masse de cellules polyédriques limitée à la surface par une couche régulière de cellules cylindriques. Elles servent à rendre solidaires les uns des autres les filets d'une même lame branchiale, et à maintenir entre eux une certaine distance qui constitue les petites fentes branchiales.

L'orifice du filet branchial est assez irrégulier. Il est évasé et taillé en bec de flûte parce que le bord intérieur (Pl. XXVII⁵, *fig*. 6, 2) du filet branchial est loin de remonter aussi haut que le bord extérieur. Ce bord intérieur, arrivé à un certain niveau, se continue avec le tissu conjonctif du réseau lacunaire qui entoure l'origine de la branchie. Le sang de ce réseau lacunaire, qui provient du réseau bojanien, pénètre dans l'orifice du filet branchial et dans le canal du filet. Ce canal, rétréci supérieurement par le renflement de la paroi branchiale et de l'épithélium, s'élargit en descendant, et a bientôt atteint sa largeur ordinaire; mais du reste, si le canal branchial est à son origine rétréci dans le sens transversal, il faut ajouter qu'il est élargi dans le sens antéro-postérieur et présente, vu par le bord du filet, une sorte d'entonnoir comparable à celui des *fig*. 1 et 2 de la Pl. XXVI.

Je dois faire remarquer que l'origine de la branchie est coiffée par un réseau lacunaire très-riche (Pl. XXVII⁵, *fig*. 1, 2, 3, 6), auquel le sang ne peut parvenir qu'après avoir traversé le réseau de l'organe de Bojanus. Parmi ces cavités lacunaires qui avoisinent plus ou moins l'embouchure des filets branchiaux, il y en a un certain nombre de petites qui ont les dimensions des lacunes ordinaires du tissu conjonctif de l'animal (Pl. XXVII⁵, *fig*. 1, 2, 3); mais quelques autres prennent des dimensions plus importantes, et il en est même qui forment de grands canaux près du bord adhérent de la branchie.

Ces lacunes volumineuses doivent être considérées en avant et en arrière de la veine afférente oblique du cœur.

En avant, c'est-à-dire au niveau de la veine longitudinale antérieure, il y a deux de ces grandes lacunes : l'une en dehors de la base de la branchie (Pl. XXVII⁵, *fig*. 2 et 3, 1), qui n'est autre chose que la *veine longitudinale antérieure*, et une autre, moins considérable, placée en dedans de la base de la branchie (*fig*. 2, 2, *fig*. 3, 2), qui communique avec la veine longitudinale antérieure par l'intermédiaire des petites lacunes qui enveloppent la base des filets branchiaux. Ces deux grands canaux sont l'un et l'autre en contact, par une partie seulement de leurs parois, avec le tissu bojanien.

En arrière de la veine afférente oblique du cœur, c'est-à-dire au niveau de la veine longitudinale postérieure, ces deux grandes lacunes, continuant leur trajet, conservent leurs rapports immédiats avec les filets branchiaux (*fig*. 1, 2, 2); mais d'autres lacunes plus volumineuses se forment au-dessus et en dedans de l'origine de la branchie (*fig*. 1, 1, 1, 1), et deviennent de grands canaux anfractueux dont les parois sont tapissées en grande partie par le tissu bojanien. Ces canaux constituent en réalité ce que j'ai déjà décrit sous le nom de veine longitudinale postérieure. Toutes ces lacunes communiquent ensemble et s'injectent simultanément lorsqu'on injecte l'une d'entre elles.

En arrière du muscle adducteur postérieur des valves, le canal afférent de la branchie devient distinct et indépendant (Pl. XXIV, *fig*. 6, 12) ; c'est un canal à parois résistantes, dans lequel s'insère la base de la branchie. Ce canal renferme à la fois la prolongation des deux grandes lacunes que nous avons vues tapisser les deux faces de la base de la branchie et le tissu conjonctif à petites lacunes qui enveloppe la base renflée des filets branchiaux (Pl. XXIV, *fig*. 6, 12, 12). Dans cette portion libre du canal afférent de la branchie, ce réseau lacunaire est sans relation de contact direct avec le tissu bojanien; mais il ne faut point oublier que le sang qui pénètre dans ce canal afférent libre provient de cavités lacunaires situées en avant d'elles, et dont les parois étaient en rapport avec l'organe de Bojanus.

Plusieurs considérations importantes peuvent être déduites de l'étude précédente.

Nous voyons en effet que le sang qui pénètre dans les branchies a toujours été en contact avec l'organe de Bojanus, et y a subi une élaboration préalable. Nous voyons aussi que le sang qui est appelé à pénétrer dans les branchies est renfermé dans des cavités lacunaires qui communiquent plus ou moins largement avec les veines longitudinales afférentes du cœur, à travers les canaux lacunaires de l'organe de Bojanus.

Il résulte de là que le sang qui, provenant des viscères ou des diverses parties du corps, parvient au réseau bojanien, peut pénétrer, ou directement dans les veines afférentes du cœur, ou dans l'appareil respiratoire. Or, comme la circulation du sang dans les filets branchiaux, extrêmement étroits, paraît devoir être bien plus difficile que dans les larges lacunes des canaux qui conduisent le sang au cœur, il s'ensuivrait que le sang ne pénétrerait que très-faiblement dans la branchie, dont le rôle serait bien amoindri. Il ne faut pas oublier en effet, qu'en arrivant dans le tissu lacunaire qui coiffe la base de la branchie, le sang a parcouru le système artériel, les capillaires et les lacunes des tissus, et enfin le réseau de l'organe de Bojanus, et que par conséquent la faible impulsion du cœur et des grosses artères est presque épuisée et n'est plus capable de faire pénétrer le sang et ses globules dans les étroits filets branchiaux. Ces considérations, ajoutées à celles que j'ai précédemment émises sur les diamètres relatifs des globules et des filets branchiaux, m'avaient conduit en effet à considérer la circulation et par conséquent la respiration branchiales comme peu importantes (Voir *Compt. rend. de l'Institut*, septembre 1874). Des recherches postérieures ont modifié cette opinion et m'ont permis de découvrir l'appareil ingénieux qui fait que, malgré les obstacles précédemment énumérés, le sang peut pénétrer abondamment dans les filets branchiaux et y circuler avec activité.

Cet appareil est disposé de manière à produire des mouvements alternatifs de dilatation et de rétrécissement de la cavité des feuillets branchiaux, c'est-à-dire de vrais mouvements de systole et de diastole. Il est très-remarquable, et par sa disposition et par la nature des éléments anatomiques qui le composent. Ces éléments en effet sont tels qu'on n'en a pas, je crois, signalé encore de semblables.

Nous savons que les filets branchiaux sont séparés entre eux par un intervalle étroit, en forme de fente, et destiné au passage de l'eau qui sert à la respiration. Cette fente est interrompue de distance en distance par des corps cylindriques courts ou *disques*, qui, adhérant aux faces des filets, les unissent entre eux (Pl. XXVI, *fig.* 1, 7, *fig.* 4, 7, *fig.* 5, 4; Pl. XXVII, *fig.* 9, 2). Ces disques forment ainsi des séries horizontales en lignes droites ou plus souvent sinueuses, et distantes les unes des autres de $0^{mm},3$ environ. Cette disposition donne à la branchie l'aspect d'un treillis à mailles rectangulaires très-allongées dont la *fig.* 9, Pl. XXVII, obtenue par la photographie, donne une juste idée. Ces disques sont au reste situés sur les faces du filet plus près du bord intérieur que du bord extérieur (Pl. XXVI, *fig.* 4 et 5; Pl. XXVII^5, *fig.* 7).

Ils sont constitués, sur chacune de leurs faces extrêmes ou bases du cylindre, par une couche simple de cellules épithéliales cylindriques ayant $0^{mm},016$ de longueur environ (Pl. XXVII, *fig.* 10, *fig.* 11; Pl. XXVII^4, *fig.* 13; Pl. XXVII^5, *fig.* 7), pourvues d'un noyau elliptique et très-riches en granulations incolores ou peu colorées. Cette couche, unique et de forme circulaire, est en rapport avec un épaississement de la couche épithéliale brunâtre, que j'ai décrite, sur le bord intérieur du filet branchial (Pl. XXVI, *fig.* 5; Pl. XXVII, *fig.* 10). Entre les deux couches extrêmes de cellules cylindriques, qui sont rendues opaques par leurs nombreuses granulations, se trouve compris un disque intermédiaire formé d'une substance hyaline, très-réfringente et entièrement dépourvue de granulations. Cette substance, vue à un fort grossissement, présente des stries très-fines, très-régulières, et parallèles à l'axe du cylindre (Pl. XXVII, *fig.* 10; Pl. XXVII^4, *fig.* 13, 1). On croirait avoir devant les yeux une branche très-mince d'un cylindre musculaire à fines stries longitudinales.

Afin d'étudier ces appareils, il faut, sur une Moule bien vivante, détacher très-délicatement avec les ciseaux une portion de branchie, de manière à ne point rompre les moyens d'union des filets entre eux. Pour cela, je recommande surtout un fragment de la lame extérieure ou libre de l'un des feuillets branchiaux, fragment que l'on détache avec la partie correspondante du vaisseau efférent. Ce dernier sert de support aux filets branchiaux et les maintient dans leur position respective. On dépose ce fragment de branchie sur une lamelle porte-objet, et l'on a soin d'y mettre une quantité d'*eau de mer* suffisante pour que les filets branchiaux plongés dans le liquide aient une certaine liberté de mouvements. Je recommande expressément d'employer l'eau de mer, parce que c'est le milieu naturel de la branchie, et parce que l'eau pure altère les disques branchiaux et les désorganise rapidement, ainsi que nous le verrons. Il est bon de faire reposer le fragment de branchie sur sa face extérieure, de telle sorte qu'il soit vu par sa face intérieure. En effet, d'une part les longs cils vibratiles du bord extérieur des filets cachent les disques branchiaux et leurs mouvements, et d'autre part les disques, étant plus rapprochés du bord intérieur des filets, se voient bien mieux par la face intérieure de la lame branchiale. On laisse la préparation dans cet état, sans la recouvrir d'une lamelle mince qui comprimerait la branchie et gênerait les mouvements des disques.

Une fois la préparation convenablement faite, si on la porte sous le microscope avec un grossissement moyen, voici ce que l'on observe : pendant un premier temps dont la durée varie, selon les cas, de 5 à 15 minutes et plus quelquefois, tout est immobile dans la préparation. Les filets branchiaux sont rapprochés les uns des autres ; les fentes branchiales sont conséquemment assez étroites, et les disques paraissent composés de deux couches épithéliales larges et minces, séparées par une lame hyaline *mince* (Pl. XXVII, *fig.* 11, *l*; Pl. XXVII', *fig.* 13, 3). Quand ce premier temps d'immobilité s'est écoulé, la plaque hyaline s'épaissit *lentement*; son axe s'allonge, tandis que son diamètre diminue, et les fentes branchiales s'élargissent (Pl. XXVII, *fig.* 11, *b*, *i*, *m*; Pl. XXVII', *fig.* 13, 2) : il y a une sorte de détente lente et progressive. A partir de ce moment commence dans la plaque hyaline du cylindre une série d'alternatives d'allongement et de raccourcissement par rapport à leur axe, qui sont accompagnés de raccourcissement et d'allongement par rapport à leur diamètre. Ainsi, un disque hyalin qui à l'état d'allongement a $0^{mm},005$ d'épaisseur ou de longueur d'axe et $0^{mm},03$ de diamètre, présente, quand il est raccourci, une épaisseur de $0^{mm},0025$ et un diamètre de $0^{mm},05$. Un disque hyalin qui, épaissi, a un axe de $0^{mm},010$, n'a plus, quand il s'est aminci, qu'un axe de $0^{mm},004$. Ces mesures et d'autres semblables montrent que l'épaisseur des disques hyalins varie du simple au double, suivant qu'ils sont à l'état de rétrécissement ou d'allongement (Pl. XXVII, *fig*. 11). Ce sont là les limites de la variation ordinaire ; mais la différence peut être accrue sous l'influence d'un excitant énergique, comme un traumatisme ou une goutte d'éther ou d'alcool. Ainsi, j'ai vu sur une Moule un disque qui avait une épaisseur de $0^{mm},07$ se réduire à une épaisseur de $0^{mm},002$ (Pl. XXVII, *fig*. 11, *k*). Sur une autre Moule de 3 centim. 1/2 de longueur, très-vigoureuse, le 20 octobre, par une température de 16° centigr., tous les disques, mis sous le champ du microscope, étaient dans un état d'amincissement considérable ; la lame hyaline était très-mince et son diamètre très-agrandi (Pl. XXVII⁴, *fig*. 13, 3) ; ils avaient alors $0^{mm},054$ de diamètre et $0^{mm},002$ d'épaisseur. Au bout de vingt minutes, quelques-uns s'élargirent peu à peu et atteignirent $0^{mm},009$ d'épaisseur, tandis que leur diamètre se réduisit à $0^{mm},056$. On voit donc que la variation dans l'épaisseur dépassait la proportion de 1 à 4.

Pendant que le disque hyalin a sa plus grande épaisseur, sa forme est cylindri ;ue (Pl. XXVII, *fig*. 10, *fig*. 11, *h* ; Pl. XXVII⁴, *fig*. 13, 1), sa surface courbe périphérique est régulièrement cylindrique, et les bords de sa section suivant l'axe sont rectilignes ; mais à mesure que le disque s'amincit, ces bords deviennent arrondis, saillants et elliptiques (Pl. XXVII, *fig*. 11, *a*, *b*, *i* ; Pl. XXVII⁴, *fig*. 13, 2). Il se forme donc un bourrelet circulaire que l'on peut comparer, pour la forme, à l'un des renflements d'un cylindre musculaire à stries transversales.

D'autre part il se produit, dans les deux plaques de cellules qui limitent le disque hyalin, des modifications de forme qu'il est bon de signaler. Quand le disque hyalin a sa plus grande épaisseur, les deux plaques épithéliales ont la forme de troncs de cônes à bases parallèles, dont l'angle au sommet est très-ouvert, et dont la petite base correspond exactement à la base du disque hyalin (Pl. XXVII⁴, *fig*. 13, 1). Quand ce dernier s'amincit et prend des bords convexes, le tronc de cône épithélial prend une hauteur moindre et un angle plus aigu (*fig*. 13, 2). La grande base reste la même, mais la petite base s'agrandit et dépasse la base du disque hyalin. Enfin, le disque hyalin étant réduit au minimum d'épaisseur (*fig*. 13, 3), les deux couches épithéliales cessent d'être coniques et prennent la forme de deux disques minces entre lesquels se cache le disque hyalin très-aplati.

Voici les mesures prises pour les disques de la *fig*. 13.

DISQUE 1.

Couche épithéliale :	Diamètre de la grande base du tronc de cône...	0^{mm},060
—	Diamètre de la petite base....................	0, 035
—	Épaisseur de la couche......................	0, 015
Couche hyaline :	Diamètre..................................	0, 035
—	Épaisseur.................................	0, 012

DISQUE 2.

Couche hyaline :	Diamètre.................................	0^{mm},042
—	Épaisseur.................................	0, 009

DISQUE 3.

Couche épithéliale :	Diamètre uniforme........................	0^{mm},060
—	Épaisseur.................................	0, 005
Couche hyaline :	Diamètre.................................	0, 054
—	Épaisseur.................................	0, 002

Les mouvements des disques, faibles au début, acquièrent peu à peu toute leur amplitude. Ils sont réguliers, et ont lieu environ soixante et dix fois par minute; mais outre ces mouvements réguliers, rhythmiques, on observe quelquefois des contractions énergiques et rapides de la totalité des disques de la préparation. Ces contractions rapprochent brusquement tous les filets branchiaux. Après chacun de ces mouvements d'ensemble qui arrivent à des intervalles irréguliers de 2, 5, 10 minutes, les disques se détendent et ne reviennent à l'état d'allongement qu'en un temps double de celui de la contraction. Il y a là une sorte de convulsion de la branchie dont la cause m'est inconnue.

On peut facilement comprendre l'influence de ces divers mouvements. Tous les disques se contractant simultanément, deux effets remarquables sont produits :

1° Les fentes ou boutonnières qui existent entre les filets branchiaux sont alternativement élargies et rétrécies, et par conséquent l'eau qui passe à travers ces mailles, et qui sert à la respiration, est alternativement attirée et repoussée. Son renouvellement est par conséquent rendu très-actif.

2° Les filets branchiaux présentant à l'état normal un canal à lumière

fusiforme sont également le siège de dilatations et de rétrécissements successifs.

Ce que nous avons vu de la structure des filets branchiaux nous permet
de comprendre ces derniers effets des mouvements des disques. L'examen
de la *fig.* 7, Pl. XXVII', qui montre les rapports des disques branchiaux
avec les faces d'un filet, fait clairement voir que la lumière du filet peut
être facilement accrue. En effet, non-seulement les parois très-minces du filet
cèdent sans difficulté aux mouvements des disques et s'infléchissent aisé-
ment, mais les renflements internes et externes 1, 2, qui forment pour
ainsi dire la charpente des filets branchiaux, servent de point d'application à la puissance des disques et s'écartent sans efforts, grâce à la délica-
tesse des connectifs 9 et 10. Quand tous les disques qui adhèrent aux deux
faces du filet se contractent, ils attirent en dehors les parois latérales très-
minces de la cavité du filet, et agrandissent le petit diamètre de cette cavité.
La lumière du filet tend à devenir arrondie, et par conséquent très-accrue.
Quand les disques se détendent et s'allongent, les parois du filet se rapprochent et la lumière du canal s'aplatit.

Il y a donc dans les fentes branchiales une sorte d'inspiration et d'expi-
ration respiratoires qui entretiennent avec les cils branchiaux le renouvellement du fluide respirable, et il y a également dans les filets branchiaux
quelque chose de comparable à une systole et à une diastole vasculaires,
avec cette différence pourtant que la dilatation du filet n'est point due à la
pression cardiaque, mais à des organes extérieurs, les disques branchiaux.

On est frappé de l'analogie très-apparente qu'il y a entre ces disques contractiles et l'élément musculaire proprement dit. Au début de l'observation,
l'excitation du traumatisme semble les mettre dans un état de contraction
tétanique qui disparaît insensiblement et est remplacé par des contractions
rhythmées comparables à celles des fibres du cœur. On croirait pouvoir considérer le disque hyalin comme une section très-courte et discoïde de muscle comprise entre deux couches de cellules qui représenteraient les éléments
non contractiles du muscle. Mais si l'on écarte délicatement deux filets branchiaux voisins, les moyens d'union formés par les disques se rompent, et sur
chaque filet, à la place du disque, se trouve une des deux couches de cellules
qui sont alors surmontées de cils vibratiles hyalins formant une espèce de

13

brosse (Pl. XXVI, *fig*. 4, 7, Pl. XXVII, *fig*. 11, *f*, *g*). La plaque hyaline ou intermédiaire du disque s'est dissociée et décomposée en deux brosses de cils qui se pénétraient réciproquement et étaient soudés les uns aux autres par un ciment conjonctif, de manière à constituer un disque massif finement strié. Ces cils se meuvent régulièrement et rhythmiquement, suivant les rayons du disque, dans un sens alternativement centripète et centrifuge par rapport au centre du disque. En d'autres termes, la brosse s'ouvre ou se ferme comme une fleur à nombreux pétales filiformes. Ces mouvements ne sont pas très-rapides, mais se renouvellent de 70 à 80 fois par minute.

La longueur des cils m'a paru invariable pour un même disque, et n'é-prouve aucun changement. Cette longueur est du reste à peu près égale à l'épaisseur du disque hyalin relâché. Ainsi, elle était de $0^{mm},006$ sur un disque dont l'épaisseur maximum était de $0^{mm},007$. Les cils des deux brosses opposées se pénètrent donc profondément, et peuvent être représentés par la figure schématique de la Pl. XXVII, *fig*. 12. Du reste, en procédant avec précaution, on peut se rendre nettement compte de ces relations des cils de deux brosses opposées. C'est ainsi qu'en écartant très-lentement et très-délicatement deux filets branchiaux, on peut obtenir des disques dont les brosses sont incomplètement séparées et se pénètrent à des profondeurs différentes. On voit, Pl. XXVII, *fig*. 11, en *c*, *d*, *e*, *o*, *n*, des résultats semblables que j'ai reproduits d'après mes préparations. Ces résultats ne permettent pas de douter que le disque hyalin ne soit naturellement décomposable en cils vibratiles, et je dois ajouter qu'aucun des observateurs expérimentés auxquels j'ai montré les disques ainsi séparés en deux couches n'a hésité un instant à les considérer comme des cellules surmontées de véritables cils vibratiles, c'est-à-dire comme des plaques d'épithélium cilié.

Pour me rendre compte de la signification physiologique des cils des disques, j'ai essayé l'effet de certains agents comparativement sur ces organes et sur les longs cils qui forment deux belles rangées sur le bord extérieur du filet branchial. Ces expériences ont été faites le 11 juillet 1875, par une température de 26° centigr.

Une portion de branchie étant préparée comme je l'ai indiqué précédemment, et mise sous le microscope avec un numéro 3 de Nachet, j'ai attendu que les mouvements des plaques fussent bien régulièrement établis. Pendant que j'observais, un aide a fait, avec une pipette, tomber sur la préparation quatre gouttes de chloroforme représentant 25 centigrammes. Aussitôt et brusquement les disques s'aplatissent fortement et prennent les formes représentées en *j* et *k*, *fig.* 11 de la Pl. XXVII. Leur diamètre augmente, les lamelles sont rapprochées et élargies, tandis que les fentes branchiales sont rétrécies. Cet état persiste sans variation pendant 100 secondes ; au bout de ce temps, les plaques s'épaississent peu à peu, et les mouvements reparaissent très-incomplets. Après deux minutes, ils sont encore imparfaitement revenus ; au bout de cinq minutes, ils ont repris leur état normal. Il y a donc eu une sorte de contracture des disques qui a été suivie d'un relâchement et d'un retour aux mouvements normaux[1]. Pendant ce temps, au contraire, les cils du bord externe de la branchie, soumis à la même influence, ont toujours conservé l'intégrité de leurs mouvements.

Sur la même préparation revenue à l'état normal, cinq gouttes d'éther sont versées : aussitôt les disques deviennent épais, se relâchent brusquement et deviennent immobiles. Les cils du bord de la branchie s'arrêtent également. Les mouvements ne reparaissent plus ni dans les uns ni dans les autres. La dose d'éther a été toxique, et il y a eu mort du tissu.

Sur une autre préparation empruntée au même animal, on verse quatre gouttes d'éther seulement : il y a aussitôt contracture des disques, qui deviennent très-minces. Leurs mouvements ne commencent à reparaître faiblement qu'au bout de deux minutes. Les longs cils du bord extérieur de la branchie continuent à se mouvoir normalement.

Sur une Moule petite et affaiblie par le jeûne, les disques présentaient à l'état de relâchement un diamètre de $0^{mm},036$ et une épaisseur de $0^{mm},006$. Sous l'influence de l'éther, ils prirent brusquement un diamètre de $0^{mm},050$ et une épaisseur de $0^{mm},002$. Sur une petite Moule *déjà très-affaiblie*, les disques hyalins, ayant à l'état de repos un diamètre de $0^{mm},024$ et une épaisseur de $0^{mm},009$, prirent brusquement, sous l'influence de l'éther, un diamètre de $0^{mm},030$ et une épaisseur de $0^{mm},006$.

---

[1] J'emploie ici les termes de *contracture, contraction, relâchement*, pour la facilité du discours, mais sans préjuger de la signification physiologique des divers mouvements des disques branchiaux.

Avec trois gouttes d'alcool, les effets sont identiques aux précédents. Les lamelles branchiales se rapprochent brusquement et les fentes branchiales perdent d'un tiers à la moitié de leur diamètre transversal.

Avec trois gouttes d'une solution moyennement concentrée de soude, on obtient des effets identiques, mais le retour des mouvements est moins tardif. Ils reparaissent au bout de 60 secondes.

L'eau distillée, à la dose de cinq à six gouttes, a un effet très-prononcé. Les disques hyalins s'allongent immédiatement ; ils perdent bientôt leur aspect strié et se désorganisent, ainsi que les deux couches de cellules qui adhèrent à leurs faces opposées ; les cils du bord extérieur de la branchie sont également atteints. Ils perdent leurs mouvements et s'altèrent.

Traités par une solution de picrocarminate d'ammoniaque, les disques ne se mettent ni en état de contraction extrême, ni en état de relâchement, mais ils cessent de se mouvoir, ce qui peut être dû à l'influence de l'eau distillée de la solution. Les cils du bord de la branchie conservent au contraire leurs mouvements. Le picrocarminate ne m'a pas du reste paru colorer les disques hyalins d'une manière remarquable, tandis qu'il colore vivement les muscles adducteurs de la Moule. L'action du carmin d'indigo ne m'a pas semblé plus vive. Il y a dans les deux cas une coloration modérée du disque hyalin, qui est légèrement teinté en rouge ou en bleu, selon le cas.

Placés dans de l'eau de mer glacée à — 8° centigr. et fondante à — 5°, les disques se contractent et restent immobiles. Les cils isolés des disques sont également sans mouvements ; mais, la température s'élevant de nouveau, les mouvements reparaissent peu à peu. Les cils du bord extérieur de la branchie ont, sous l'influence de cette basse température, *ralenti* mais *non interrompu* leurs mouvements. Ces derniers reprennent leur vivacité avec l'élévation de la température.

Ces expériences permettent de penser que si les disques hyalins sont composés de cils vibratiles, ces cils ne sont point absolument identiques, quant à leur nature et quant à leurs propriétés, à ceux du bord externe de la branchie, puisqu'ils répondent différemment aux mêmes provocations et aux mêmes agents. Peut-être trouverait-on plus d'affinité et plus de ressemblance entre les cils des disques et les cils dits *volontaires* de certains infusoires. C'est là une question que je me propose d'étudier à l'occasion.

J'ai voulu essayer l'effet de l'excitation électrique sur les disques, et pour cela j'ai mis les deux extrémités du fragment de branchie que j'observais au microscope en contact avec les deux pôles d'un courant induit. Les résultats obtenus n'ont pas été assez nets pour que je puisse rien conclure de ces expériences, très-délicates du reste, et par conséquent propres à induire en erreur. Je me borne à dire que, dans l'une de mes expériences, il s'est produit avec l'application des pôles de la pile une première contraction, qui a persisté. Les disques, qui avant exécutaient leurs mouvements rhythmiques, sont devenus immobiles et comme tétanisés.

Avant de formuler les réflexions que me paraissent soulever les faits qui précèdent, je désire exposer le mécanisme de l'action des disques branchiaux. Ces disques, ai-je dit, sont formés par deux brosses de cils qui se pénètrent réciproquement, et dont les poils sont agglutinés les uns aux autres par une espéce de ciment. La *fig.* 12 de la Pl. XXVII représente donc schématiquement cette disposition. Les cils fixés sur leur base y sont figurés en blanc, tandis que le ciment intermédiaire correspond aux parties ombrées. Si nous considérons les cils de la *fig.* 12 comme appartenant à une région limitée et excentrique du disque, ils tendront tous à se déjeter dans le même sens, c'est-à-dire vers la limite extérieure du disque, limite que nous supposons ici, pour la démonstration, correspondre à la partie supérieure de la figure. Il est facile de comprendre que, les cils des deux brosses étant soudés entre eux, l'extrémité libre des cils d'une brosse devra rester attachée à la partie basilaire des cils de l'autre brosse; et, comme la partie basilaire est la plus forte, la plus fixe et celle où réside surtout la puissance d'impulsion, il arrivera que, au voisinage des deux faces de la plaque, l'ensemble des cils suivra les mouvements de la portion basilaire et devra s'infléchir en formant une concavité interne. Il se produira donc la disposition représentée dans la *fig.* 13 de la Pl. XXVII. On peut ainsi rationnellement expliquer les phénomènes de mouvements qui se passent dans les disques, et leurs modifications de forme.

Quant aux modifications de forme des disques épithéliaux qui limitent le disque hyalin, on peut s'en rendre compte d'une manière très-naturelle. Elles ne sont point dues à des mouvements propres de ces couches cellulai-

res, mais elles sont la conséquence de la solidarité des mouvements excentriques et concentriques des cils des deux brosses. En effet, quand cette solidarité est rompue par la séparation des deux brosses, les cils continuent leurs
mouvements, mais les couches cellulaires restent entièrement immobiles.
On comprend en effet que, par suite des mouvements solidaires des deux
brosses, la masse ciliaire, se portant forcément en dehors, attire aussi dans
ce sens la masse cellulaire, de consistance élastique, et transforme le cône
en un disque mince; tandis que, lorsque les cils se portent en dedans, ils
tendent à ramener vers le centre la masse cellulaire, à laquelle ils adhèrent.
Ils rétrécissent donc le diamètre de la base sur laquelle ils sont insérés, et
donnent à la masse épithéliale la forme d'un tronc de cône dont la hauteur
est plus grande que celle du disque. Mais, je le répète, pour que les mouvements excentriques des cils produisent la transformation en disque mince
des couches épithéliales, il faut que les deux brosses de cils soient unies et solidaires, et que les cils de l'une puissent prendre point d'appui sur les cils
de l'autre pour entraîner excentriquement la masse épithéliale. En définitive,
les choses se passent comme si les cils étaient saisis par leur extrémité libre
et tirés en dehors. Cela est si vrai que, quand les deux brosses sont séparées,
les deux masses épithéliales prennent d'elles-mêmes la forme ramassée et
conique, qui dès-lors ne varie plus, quoique les cils à l'état libre continuent
leurs mouvements.

Ces explications des mouvements des disques ne sont du reste pas une
simple hypothèse, et l'on ne peut douter que ces mouvements ne soient liés
directement aux mouvements mêmes des cils. On trouve quelquefois en effet,
sur des disques normaux exécutant régulièrement leurs mouvements, des
cils marginaux restés libres et non fixés par le ciment, et il est facile de
voir alors les mouvements des cils libres s'exécuter en même temps que ceux
des disques, mais avec cette différence que ces cils ne se courbent pas notablement, mais se bornent à exécuter un mouvement de pendule de dehors en
dedans, et réciproquement. La *fig.* 11 *m* de la Pl. XXVII représente un de
ces disques dont le bord supérieur présentait une courbe régulière, tandis
qu'au bord inférieur on distingue des cils libres non agglutinés avec le reste
du disque.

Les disques branchiaux de la Moule sont, je le crois du moins, les seuls organes de cette espèce qui aient encore été signalés. Les cils vibratiles ont été jusqu'à présent reconnus comme des filets plus ou moins délicats, fixés seulement par une de leurs extrémités, et entièrement libres par le reste de leur étendue. On ne les connaît que comme des organes appartenant aux surfaces des membranes et appelés à agir, soit sur les liquides qui touchent les membranes, soit sur les mouvements de l'ensemble de l'animal (infusoires, etc.) en faisant fonction de rames. Ici au contraire nous avons affaire à des cils agglutinés entre eux, fixés dans toute leur étendue, et s'unissant non-seulement avec les cils voisins, mais avec les cils d'une surface opposée, pour former avec eux une masse compacte, massive. L'action de ces cils agglutinés diffère essentiellement de celle des cils vibratiles, puisqu'elle a pour effet de relier entre eux deux organes séparés (filets branchiaux), et de faire varier leur distance réciproque ainsi que leur capacité. Ce sont là des faits encore uniques, si je ne me trompe.

Au reste, les cils des disques branchiaux sont-ils bien des cils vibratiles ordinaires ? L'étude que je viens d'en faire permet de répondre à cette question.

Les cils des disques ont évidemment avec les cils vibratiles proprement dits de nombreux points de ressemblance. Au point de vue de la forme, ils n'en diffèrent nullement quand ils sont isolés, et on ne saurait les en distinguer. Il y a dans l'un et l'autre cas des cellules portant des cils dont les mouvements sont identiques à ceux des cils vibratiles ordinaires ; mais nous avons vu, d'autre part, qu'en présence de certains agents tels que l'alcool, l'éther, le froid, etc., les cils des disques se comportaient bien différemment des cils ordinaires.

D'un autre côté, les cils des disques, quand ils sont agglutinés, agissent exactement comme des muscles. Au point de vue de la forme seule, ils ressemblent à une tranche mince d'une fibre musculaire, et, comme cette dernière, ils présentent des raccourcissements et des allongements successifs, c'est-à-dire des contractions et des relâchements. Vis-à-vis de certains réactifs physiologiques, ils se comportent également comme le tissu musculaire, car l'alcool, l'éther, le chloroforme, le froid, appliqués directement sur ce dernier pendant la vie, provoquent des contractions comparables à celles que nous avons constatées sur les disques branchiaux.

En présence des substances colorantes telles que le picrocarminate d'ammoniaque ou le carmin d'indigo, les disques contractiles se laissent légèrement teinter, ce qui les distingue du tissu musculaire strié et des muscles de la vie animale de la Moule, mais ce qui les rapproche du tissu musculaire à fibres lisses, dont les noyaux seuls ont une grande affinité pour les substances colorantes citées plus haut.

Il y a de plus, entre le tissu musculaire et les disques branchiaux, ce point de ressemblance que ces derniers paraissent être, comme le premier, sous l'influence directe du système nerveux, puisque le traumatisme résultant de la section de la branchie détermine chez eux une excitation d'une certaine durée qui se traduit par un état persistant de contraction. Néanmoins, les éléments musculaires ne présentent jamais, quand ils ont été dissociés, des mouvements vibratiles comparables à ceux des cils isolés des disques.

Les disques branchiaux sont donc des organes composés d'éléments qui ont à la fois des affinités avec les cils vibratiles, lorsqu'ils sont isolés et libres, et avec le tissu musculaire, quand ils sont agglutinés et soudés en un disque massif.

Ces éléments se comportent comme des cils vibratiles, tout en différant sous certains rapports des cils vibratiles ordinaires ; ils se comportent aussi comme des muscles, tout en différant à certains égards du tissu musculaire. Aussi suis-je disposé à les considérer comme pouvant servir à relier les deux ordres d'éléments moteurs, muscle et cil vibratile, qu'on a jusqu'à présent vainement essayé de rapprocher et de rattacher l'un à l'autre.

On pourrait peut-être même trouver, dans la connaissance de la structure intime des disques branchiaux, une explication des modifications intimes qui s'opèrent dans la contraction musculaire, explication plus prochaine que celles qui ont été données jusqu'à ce jour.

Ces disques pourraient nous donner la clef de la composition et de la contraction du tissu musculaire, si l'on était autorisé à les considérer comme correspondant plus ou moins exactement aux *disques musculaires* de Bowmann, ou mieux encore aux *segments de fibrille* d'Engelmann, segments composés d'une portion foncée portant sur les deux faces opposées une couche de substance hyaline. Peut-être trouvera-t-on un jour, avec des moyens de recherche supérieurs à ceux dont nous disposons, que la fibrille striée est composée de disques formés de cils très-délicats agglutinés et séparés par une substance intermédiaire qui correspondrait aux couches cellulaires limitantes des disques branchiaux. Ces deux ordres de couches successives, qui représenteraient les disques foncés et clairs des fibrilles striées, donneraient à ces dernières l'aspect strié qui les caractérise, c'est-à-dire cette alternance de parties claires et de parties foncées.

Quant aux fibres lisses, nous savons que de forts grossissements permettent de leur reconnaître de très-fines stries longitudinales, sur lesquelles a insisté avec raison le professeur Rouget, et qui pourraient bien correspondre à l'existence de cils très-fins disposés dans la fibre-cellule selon le sens de sa longueur, mais non par couches successives distinctes, comme dans la fibrille striée. Ces cils, en se recourbant simultanément de manière à présenter tous leur convexité vers la périphérie de la fibre-cellule, produiraient son raccourcissement et son augmentation d'épaisseur.

Enfin, on sait que les fibres musculaires de la vie de relation de certains animaux inférieurs, les vers par exemple, se présentent sous la forme de rubans qui, pour se contracter, se courbent en zigzag. Ce mode de contraction serait facile à comprendre s'il était démontré que ces fibres musculaires sont formées de cils disposés par régions successives, dont les unes seraient formées de cils se courbant dans un sens, et les autres dans le sens opposé.

Ainsi serait comblée la distance qui semble séparer les muscles et les cils vibratiles, qui sont les deux seuls éléments moteurs à forme déterminée que l'on connaisse dans la vie animale.

Je borne là les réflexions qui m'ont été suscitées par l'étude des organes très-particuliers auxquels j'ai donné le nom de disques branchiaux. J'ai mis en avant quelques hypothèses qui m'ont paru dignes d'examen, et qui pourraient devenir le point de départ de recherches nouvelles sur ce sujet si délicat de la contraction musculaire. On peut certes me faire de sérieuses objections ; mais il restera néanmoins de cette étude la connaissance des éléments singuliers qui composent les disques, et auxquels j'ai donné le nom de *cils musculoïdes*, qui rappelle leurs doubles affinités apparentes.

14

Après avoir étudié les moyens d'union des filets voisins entre eux, je dois parler des moyens d'union des deux branches d'un même filet. J'ai déjà dit que la lame adhérente et la lame libre du feuillet branchial ne pouvaient être fortement écartées l'une de l'autre. Ces deux lames sont en effet rattachées l'une à l'autre par des ligaments assez courts qui s'étendent horizontalement de la branche descendante du filet à la branche ascendante (Pl. XXVI, *fig.* 5, 3). Chaque filet branchial est pourvu d'un seul ligament qui est générale- ment situé à la réunion du tiers ou du quart supérieur avec les portions inférieures. Ce ligament est cylindrique, très-délié, de $0^{mm},1$ de diamètre, et naît par des bases élargies des bords intérieurs des filets branchiaux. Il est formé de tissu conjonctif élastique, comme la membrane fondamentale du filet, dont il est une expansion. Sa surface est recouverte d'une couche d'épithélium à petites cellules de $0^{mm},01$ de diamètre, pourvues de cils vibra- tiles courts. Quand l'épithélium est enlevé en tout ou en partie, comme dans la *fig.* 5, par une macération dans l'acide acétique très-étendu, on dis- tingue sur le ligament des stries longitudinales.

Pour terminer l'étude de l'appareil de la respiration, il me reste à décrire les vaisseaux efférents de la branchie. Les vaisseaux efférents occupent le bord supérieur de la lame extérieure de chacun des quatre feuillets bran- chiaux; ils sont donc au nombre de quatre. Ce sont des vaisseaux qui, très- effilés à leur extrémité postérieure terminée en pointe fermée, vont en gros- sissant progressivement d'arrière en avant à mesure qu'ils reçoivent les filets branchiaux du feuillet correspondant. Ayant déjà décrit leur parcours et leurs rapports, je me borne à dire qu'antérieurement les deux vaisseaux d'un même côté se réunissent en un tronc commun qui adhère à la face latérale correspondante de la partie antérieure du corps, et qui va déboucher dans des lacunes qui sont en communication directe avec l'ori- gine de la veine longitudinale antérieure. Nous savons que ce tronc com- mun des deux veines efférentes du même côté reçoit d'une part un petit tronc formé par les petits vaisseaux superficiels de la partie antérieure du corps (Pl. XXIII, *fig.* 6, 9), et d'autre part un petit tronc formé par quelques petits vaisseaux de la face interne du manteau (Pl. XXIII, *fig.* 8, 3). Le sang qui revient des palpes labiaux se jette également dans les cavités lacu- naires qui existent à la partie antérieure de la veine longitudinale antérieure, et se mêle par conséquent au sang qui provient de la veine efférente de la branchie.

La veine efférente de la branchie présente une forme particulière. On y distingue une partie supérieure cylindrique qui constitue la veine elle-même, et dans laquelle s'abouchent les filets branchiaux (Pl. XXVI, *fig.* 1, 1, *fig.* 2, 1, et Pl. XXVII⁵, *fig.* 3, 7). De cette partie, creusée d'un canal unique, naît, sur la face extérieure de la lame branchiale, une lame étroite qui forme une sorte de voile ou de ruban simplement appliquée sans adhérence sur les filets branchiaux, au point où ils vont s'aboucher dans la branchie (Pl. XXVI, *fig.* 1, 3 ; Pl. XXVII⁵, *fig.* 1 et 2, 7). Ce voile se termine par un bord inférieur libre (Pl. XXVI, *fig.* 1, 4), au voisinage duquel on distingue quelquefois assez nettement deux séries de cellules qui produisent l'effet de deux lignes festonnées. Ce ruban, étendu dans toute la longueur de la veine efférente, est creusé d'une cavité en forme de gouttière dont la paroi interne est plus épaisse que l'externe. Le vaisseau efférent et le voile branchial sont recouverts d'un épithélium à petites cellules dont le noyau est rempli de granulations brunes. Cet épithélium est surmonté partout de cils vibratiles très-courts et très-fins (Pl. XXVI, *fig.* 1 et 2) ; mais on distingue çà et là des bouquets composés de trois ou quatre cils très-longs et très-forts, naissant du même point et se mouvant dans le même sens, c'est-à-dire d'avant en arrière ; ils sont destinés à rejeter vers l'orifice anal du manteau l'eau qui provient des branchies et qui a déjà servi à la respiration.

Les filets branchiaux viennent s'aboucher à la face inférieure de la veine efférente, en s'évasant légèrement en forme d'entonnoir (Pl. XXVI, *fig.* 1 et 2). Au voisinage de la veine efférente, ces filets sont réunis entre eux par un amas de cellules (Pl. XXVI, *fig.* 1, 5) assez comparable, pour la composition, à celui que nous avons décrit à l'angle inférieur du filet branchial sous le nom de bourrelet épithélial (Pl. XXVI, *fig.* 4′), et à celui que nous avons décrit à l'origine du filet branchial dans le canal afférent (Pl. XXVII⁵, *fig.* 6, 3). Cet amas de cellules constitue une sorte de cloison qui unit un filet branchial à son voisin, et qui se termine inférieurement par un bord concave (Pl. XXVI, *fig.* 1′) formé par des cellules plus volumineuses et pourvues de cils vibratiles qui, très-longs au milieu de la courbe, diminuent de longueur vers les extrémités, où ils disparaissent entièrement. Sur une préparation examinée après un séjour de quelques jours dans de l'eau fortement acidulée avec de l'acide acétique, et représentée par la *fig.* 2 de la Pl. XXVI, on voyait clairement que cette cloison épithéliale était formée de cellules polyédriques au centre et cylindriques sur la périphérie. Ces cellules paraissaient disposées par couches perpendiculairement aux faces du filet (Pl. XXVI, *fig.* 2′), et pouvaient se diviser, à partir d'un certain niveau, en deux colonnes unies à l'état normal, mais séparées ici par l'effet du réactif. Chacune de ces colonnes diminuait d'épaisseur inférieurement, pour se continuer enfin avec la couche de cellules brunes du bord intérieur et des faces du filet branchial (Pl. XXVI, *fig.* 2, 7). Sur la préparation dont je parle, le réactif avait produit une rétraction de ce tissu épithélial telle que la cavité correspondante des filets branchiaux avait été considérablement élargie, ainsi que le montre la figure.

Après la description très-complète que je viens de faire de l'appareil branchial, il ne me paraît pas nécessaire de m'étendre longuement sur le jeu de cet appareil. Tout ce qui précède démontre assez comment le sang, parvenu dans les lacunes placées à la base de la branchie, pénètre dans les filets branchiaux et les parcourt malgré les difficultés et les obstacles qui s'opposent à sa marche dans ce sens.

Le mécanisme en vertu duquel l'eau se renouvelle activement à la surface de la branchie ressortant aussi très-nettement de l'étude précédente, je clos là cette étude, déjà longue, de l'appareil de la respiration chez la Moule.

(A continuer).

EXPLICATION DES PLANCHES

PLANCHE XXIII.

Fig. 1. Moule dont la valve gauche a été détachée.

    1 Muscles palléaux.

    2 Bord du manteau pour montrer la lèvre lisse adhérente à la coquille, et la lèvre mamelonnée ou papillaire.

    3 Membrane anale.

    4 Ouverture anale du manteau.

    5 Ligament de la charnière rompu.

    6 Surface de section du muscle adducteur postérieur des valves.

    7 Ventricule du cœur.

    8 Bulbe aortique et tronc cœliaque.

    9 Artères grandes palléales; 9′ 9″ 9‴ Artères hépatiques; 9‴′ Artère terminale gauche de l'aorte.

    10 Branche antérieure de la grande palléale; 11 Branche postérieure.

    12 Oreillette gauche.

    13 Veine afférente oblique du cœur.

    14 Réseau lacunaire des muscles palléaux.

Fig. 2. Artères du tube digestif.

    1 Estomac utriculaire.

    2,2 Estomac tubulaire.

    3 Intestin récurrent.

    4,4′ Artères gastro-intestinales antérieures.

    5,5′ Artères récurrentes.

    6,6 Artère gastro-intestinale postérieure gauche.

    7,7 Artère gastro-intestinale postérieure droite.

    8,8 Artère intestinale.

    9 Tronc de l'artère péricardique.

    10 Tronc cœliaque.

Fig. 3. Artères du tube digestif.

    1 Aorte.

    2 Rectum terminal.

    3 Rectum cardiaque détaché et écarté.

    4 Extrémité postérieure du ventricule et origine du rectum terminal.

    6 Artère gastro-intestinale gauche.

    7 Artère du rectum terminal.

    8 Artère intestinale.

    9 Artère péricardique.

    10 Bulbe de l'aorte.

    11 Artères gastro-intestinales.

Fig. 4. Les cavités des flancs ont été ouvertes en incisant en dedans des surfaces d'insertion des muscles postérieurs du byssus, en dehors du péricarde et du tube digestif.

    1 Estomac utriculaire ouvert.

    2 Estomac tubulaire ouvert.

    3 Intestin récurrent ouvert.

    4 Orifice pylorique.

    5 Muscle adducteur postérieur.

    6,6' Artères gastro-intestinales antérieures.

    7 Artère gastro-intestinale postérieure gauche.

    8 Artère péricardique.

    9 Artère gastro-intestinale postérieure droite.

    10,10 Artères récurrentes.

Fig. 5. Bulbe de l'aorte et artères qui en naissent. Les deux troncs latéraux qui ne sont pas désignés par des chiffres sont les artères palléales. On aperçoit par le bulbe ouvert la cavité du tronc cœliaque et de ses subdivisions.

    1 Bulbe de l'aorte ouvert par la paroi supérieure.

    2 Orifice de l'artère gastro-intestinale gauche dans le tronc cœliaque.

    2' Orifice de l'artère gastro-intestinale droite.

    3 Orifice de l'artère péricardique.

    4 Extrémité antérieure du ventricule.

    5 Rectum cardiaque.

Fig. 6. Dans cette figure, la Moule, détachée des deux valves, est couchée sur la région dorsale. Le manteau est ouvert, le corps déjeté sur le côté gauche. Le feuillet interne de la branchie droite n'a été conservé que dans son quart antérieur 16′. Pour le reste, le feuillet est censé avoir été coupé au niveau du vaisseau efférent. Il ne reste du feuillet externe que le vaisseau afférent. Les deux vaisseaux afférents viennent se réunir en arrière avec le vaisseau afférent. Ces trois vaisseaux sont repliés et relevés à ce niveau, afin de montrer les organes godronnés postérieurs et la veine horizontale 4.

1 Sinus marginal.
2 Veine du bord du manteau.
3 Origine de la veine anastomotique.
3′ Embouchure de la veine horizontale du manteau dans le sinus marginal.
4 Veine horizontale du manteau avec deux veines ascendantes du manteau et l'origine de trois organes godronnés.
5 Veine anastomotique.
6,6 Organe de Bojanus, veine longitudinale, et canal afférent de la branchie réunis dans une bande qui suit le bord adhérent de la branchie.
7 Veine efférente de la branchie.
7′ Veine de la bosse de Polichinelle.
8 Piliers fusiformes de l'organe de Bojanus.
9 Petite veine superficielle se jetant dans la veine branchiale efférente.
10 Pied.
11 Muscle adducteur antérieur des valves.
12 Membrane anale en partie détachée.
13 Veines de la membrane anale.
14 Ouverture anale du manteau.
15 Veines du muscle adducteur postérieur.
16 Ligament suspenseur de la branchie.
16′ Feuillet branchial interne déjeté en dehors.
17 Conduit excréteur des glandes reproductrices.

Fig. 7. Petit bouquet représentant le réseau veineux superficiel de la région hépatique antérieure se réunissant en un tronc commun, pour se jeter dans la veine efférente de la branchie.

Fig. 8. Le capuchon antérieur du manteau est ouvert par incision.
1 Palpe buccal externe gauche vu par sa face interne.
2 Veine efférente de la branchie recevant le sang du réseau superficiel 3, représenté dans la *fig*. 7.
4 Bord incisé du capuchon palléal.

Fɪɢ. 9. Palpes buccaux et leurs vaisseaux.

1 Palpe buccal externe droit vu par sa face intérieure.
2 Palpe interne droit vu par sa face extérieure.
3 Palpe externe droit injecté.
4 Palpe interne gauche.
5 Artère du palpe.
6 Veine marginale du palpe.

Fɪɢ. 10. Portion du palpe grossie et vue par sa face intérieure.

1 Artère et ses subdivisions en capillaires dans la portion lisse.
2 Capillaires de la portion striée.

PLANCHE XXIV.

Fɪɢ. 1. Moule détachée de sa coquille et vue par la face gauche.

1 Espace entre le manteau et le péricarde.
2 Membrane du péricarde.
3 Ventricule ouvert.
4 Orifice auriculo-ventriculaire et ses deux valvules.
5 Rectum cardiaque.
6 Surface du corps cachée par le manteau.
7 Bande musculaire du manteau.
8 Nerf palléal.
9 Veine afférente oblique du cœur.
10 Couloir péricardique.

Fɪɢ. 2. Moule détachée de sa coquille. Le couloir péricardique est ouvert : on voit l'embouchure de la veine afférente oblique dans la veine longitudinale.

1 Ventricule. 1′ Bulbe aortique.
2 Péricarde.
3 Petites veines du corps et du manteau se jetant directement dans l'oreillette.
4 Petites veines du corps se jetant directement dans la veine afférente oblique du cœur.
5 Veine afférente oblique du cœur.
6,6 Veine longitudinale ouverte par sa paroi externe. Les parois de la veine longitudinale postérieure sont tapissées par le tissu spongieux de l'organe de Bojanus.
6′ Extrémité antérieure intacte de la veine longitudinale antérieure.

— 115 —

7 Conduit génital s'enfonçant dans la paroi inférieure de la veine longitudinale.

8,8 Organes godronnés mis à nu par l'excision de la portion correspondante du manteau.

9 Rectum cardiaque sortant du ventricule.

10 Muscle adducteur postérieur.

FIG. 3. La paroi inférieure de la veine longitudinale postérieure a été incisée pour montrer la continuité du couloir péricardique avec la cavité de l'organe de Bojanus. Le manteau a été entièrement enlevé de ce côté.

1, 2, 3, 4, 5, 6, 7, 8, 9, 10 (comme pour la *fig*. 2).

6' Veine longitudinale antérieure ouverte : on voit, à travers la paroi interne mince, l'extrémité supérieure des filets branchiaux.

7' Conduit génital dans la cavité de l'organe de Bojanus.

8' Organes godronnés postérieurs relevés avec le muscle adducteur postérieur, auquel ils adhèrent.

11 Vaisseau efférent du feuillet externe de la branchie.

FIG. 4. Veine longitudinale et veine afférente oblique du cœur.

1 Veine afférente oblique du cœur.

2 Couloir péricardique.

3 Veine longitudinale postérieure dont les parois sont tapissées par le tissus bojanien très-anfractueux.

4 Conduit génital.

5 Veine longitudinale antérieure ouverte. Les filets branchiaux sont vus à travers la paroi interne de la veine.

6 Organes godronnés détachés du manteau.

7 Muscle adducteur postérieur.

8 Portions de tissu bojanien tapissant le bord supérieur de la veine longitudinale antérieure, et se trouvant en rapport avec le canal afférent de la branchie.

9 Portion libre et postérieure de la veine afférente de la branchie.

10 Orifice de communication entre le couloir péricardique et la cavité de l'organe de Bojanus.

FIG. 5. Cette figure représente la préparation de la *fig*. 4, sur laquelle une incision a été faite en introduisant la pointe des ciseaux dans l'orifice 10 et sectionnant en dehors. Elle montre les relations de la veine longitudinale 5 et de la cavité de Bojanus 6, qui ne sont séparées que par une lamelle mince de tissu bojanien.

15

1, 2, 4, 5, 8 (comme pour la *fig.* 4).
3 Papille et orifice de l'organe de Bojanus.
4' Papille et orifice du conduit génital.
5' Base de la branchie vue par sa face interne.
. 6 Cavité de l'organe de Bojanus.

Fig. 6. L'animal étant couché sur la région dorsale, l'organe de Bojanus et la veine longitudinale postérieure 10 ont été ouverts.

    1 Cavité de l'organe de Bojanus.
    2, 2 Conduit génital.
    3 Papille et orifice de l'organe de Bojanus.
    4 Ganglion viscéral.
    5 Connectif qui réunit ce ganglion aux ganglions antérieurs.
    6 Extrémité postérieure de l'organe de Bojanus.
    7 Tissu bojanien et ses cavernes.
    8 Réseau lacunaire du ligament suspenseur de la branchie.
    9 Muscle adducteur postérieur.
    10 Veine longitudinale postérieure.
    11 Organes godronnés dans leurs rapports avec la veine longitudinale postérieure.
    12, 12 Réseau lacunaire du ligament suspenseur de la branchie.
    13 Vaisseau afférent de la branchie.
    14 Orifice de communication de la cavité de Bojanus et du couloir péricardique.

PLANCHE XXV.

Fig. 1. Portion d'oreillette grossie.
Fig. 2 et 2'. Cellules qui revêtent extérieurement les parois de l'oreillette, vues à un fort grossissement. La *fig.* 2 représente deux culs-de-sac de l'oreillette.

Fig. 3. Moule vue par le côté gauche. La valve enlevée, le manteau a été incisé et la partie postérieure relevée.

    1 Ventricule du cœur.
    2 Veine afférente oblique du cœur.
    3 Organes godronnés injectés et vus en place, après l'excision de la partie correspondante du manteau.
    4 Organe godronné vu par sa face antérieure pour montrer ses relations avec la veine horizontale du manteau et avec le réseau lacunaire voisin.

5, 5′ Membrane anale incisée et ses veines.

6 Sinus marginal.

7 Capillaires lacunaires des muscles palléaux devenant l'origine des veines ascendantes du manteau.

Fig. 4. Portion de la paroi externe de la veine longitudinale postérieure en rapport avec deux organes godronnés et avec des lobules de tissu bojanien vue par la face externe; en bas, la base de la branchie recouverte d'une membrane qui limite une des grandes lacunes veineuses (Pl. XXVII², *fig.* 1, 2).

Fig. 5. Portion de la paroi externe de la veine longitudinale postérieure vue par la face interne ; quatre arborisations de tissu bojanien en rapport avec l'insertion de quatre organes godronnés sur la veine longitudinale.

PLANCHE XXVI.

Fig. 1. Portion de la branchie attachée au vaisseau efférent et vue par la face extérieure à l'état frais.

1 Vaisseau efférent avec son épithélium vibratile.

2 Nerf branchial.

3 Voile ou ruban branchial dépendant du vaisseau efférent.

4 Bord cilié de ce voile et double série de cellules, d'aspect festonné.

5 Cloisons épithéliales.

6 Filets branchiaux et leurs doubles rangées de longs cils.

7 Disques branchiaux.

Fig. 1′. Bord inférieur concave d'une des cloisons épithéliales 5.

Fig. 2. Portion de branchie attachée au vaisseau efférent, après un séjour prolongé dans l'eau très-acidulée avec de l'acide acétique, vue par la face intérieure.

1 Vaisseau efférent.

2 Nerf branchial.

3 Cavité du filet branchial.

4 Même cavité très-élargie accidentellement.

5 Cloisons épithéliales.

6 Parois conjonctives du filet.

7 Épithélium épais du bord intérieur du filet.

Fig. 2′. Portion supérieure d'une des cloisons épithéliales de la *fig.* 2 vue à un plus fort grossissement.

Fig. 3. Filet branchial vu par une de ses faces à l'état frais, et contenant deux globules sanguins.

    1 Cellules pigmentées et elliptiques du bord intérieur.
    2 Épithélium très-mince et transparent des faces du filet.
    3,3 Grandes cellules rectangulaires du bord extérieur.
    4,4 Petites cellules à longs cils de l'une des deux rangées.
    5 Cellules en deux séries placées entre les deux rangées de cils.

Fig. 3' Épithélium des faces du filet après traitement par le chlorure d'or.

Fig. 4. Angle inférieur d'un filet au niveau du bord inférieur d'un feuillet branchial, à l'état frais.

    1,2 Branche ascendante et branche descendante du filet.
    3 Tubérosités épithéliales inférieures.
    4 Cellules et cils du bord extérieur.
    5 Cône cellulaire faisant saillie dans la cavité du filet.
    6 Accumulation des cellules pigmentées du bord intérieur du filet.

Fig 5. Les deux branches d'un filet branchial réunies par leur filament élastique, après macération de 48 heures dans l'eau acidulée par l'acide acétique.

    1,2 Branches du filet.
    3 Filament élastique un peu tiraillé et partiellement dépouillé de son épithélium, qui à l'état frais est cilié.
    4,4 Deux plaques épithéliales de disques branchiaux.
    5 Bases coniques du ligament élastique.

Fig. 6. Bord extérieur d'un filet branchial vu en face. Très-fort grossissement.

    1 Deux rangées de cellules rectangulaires à gros noyaux.
    2 Deux rangées de petites cellules à longs cils.

Fig. 7. Portion de rangée de cils avec quelques cellules extérieures à la rangée.

Fig. 8. Globules du sang à forme amœboïde.

Fig. 9. Bord d'un pli d'organe godronné, montrant les cavités et les piliers biconiques. Fort grossissement.

    1 Épithélium à longs cils.
    2 Membrane conjonctive limitante.
    3 Globules sanguins adhérents aux piliers.
    4 Fibrilles de la membrane conjonctive de la face opposée à 2.
    5 Piliers vus obliquement et en raccourci, mais dont le cône supérieur n'est pas perceptible, comme n'étant pas au foyer.

PLANCHE XXVII.

Fig. 1. Ensemble des veines du manteau. D'après nature.

1 Veine afférente oblique.
2 Couloir péricardique.
3,3 Veine longitudinale.
4 Sinus veineux du muscle adducteur postérieur.
5,5 Veine horizontale du manteau recevant inférieurement les veines ascendantes du manteau.
6 Veine du muscle adducteur postérieur.
7 Veines des organes godronnés.
8 Veines du manteau se reliant aux veines du muscle adducteur.
9 Sinus marginal.
10 Confluent de la veine horizontale et du sinus marginal.
11 Veines de la membrane anale et de la lèvre papillaire du manteau.
12 Veines du manteau.

Fig. 1' Partie grossie de la *fig.* 1, au point 7.

1 Veine naissant supérieurement de la veine horizontale.
2 Branches de la veine 1 naissant en bouquet et constituant les veines dorsales des organes godronnés.
3 Réseau lacunaire de la région correspondante du manteau, et ses relations avec les veines des organes godronnés.

Fig. 2. Vue schématique d'un organe godronné.

1 Veine longitudinale.
2 Tissu bojanien.
3 Branchie.
4 Plis en jabot de l'organe godronné.
5 Veine dorsale de l'organe godronné.
6 Réseau lacunaire de la région correspondante du manteau.

Fig. 3. Ensemble du tube intestinal et foie.

1 Rectum terminal.
2 Estomac tubulaire.
3 Intestin récurrent.
4 Artère gastro-intestinale droite. Coupe.
5 Artère gastro-intestinale gauche. Coupe.
6 Muscle adducteur postérieur.

7 Ventricule du cœur traversé par le rectum cardiaque.

8 Aorte.

9, 9 Foie.

10, 10 Veines longitudinales antérieures et veines afférentes obliques du cœur.

Fig. 4. Forme générale de l'œsophage et de l'estomac ouverts et dégagés du foie.

1 Rectum se courbant sur le muscle adducteur postérieur.

2 Estomac tubulaire.

3 Intestin récurrent.

4 Estomac utriculaire et orifices glandulaires.

5 Estomac utriculaire.

6 Grand cul-de-sac ou diverticulum de l'estomac.

7 Stylet cristallin.

8 Cœcum terminal de l'estomac tubulaire.

9 et 10 Bouche et œsophage.

Fig. 5. Cellules des parois de l'oreillette et de la partie mamelonnée de la veine afférente oblique.

Fig. 6. Cellules de l'organe de Bojanus à l'état libre.

Fig. 7. Épithélium du vaisseau efférent de la branchie après traitement par le chlorure d'or.

Fig. 8. Globules du sang observés dans un filet branchial après traitement par le chlorure d'or.

Fig. 9. Portion de lame branchiale à un faible grossissement, d'après une photographie.

1 Filets branchiaux séparés par les fentes branchiales.

2 Disques branchiaux.

Fig. 10. Deux filets branchiaux réunis par un disque branchial à l'état d'allongement et vus par leur bord intérieur.

Fig. 11. Disques branchiaux à divers états.

(a, b, c, d, e, f, g, disques intacts ou dissociés à divers degrés, et fixés dans ces états par la glycérine.)

a Disque peu contracté.

b Disque plus contracté.

c Disque où les deux brosses commencent à se séparer.

d Disque où la séparation est moins avancée.

e Disque où la séparation est près d'être complète.

f Disque où la séparation des brosses est complète et où les cils sont rapprochés et convergents.

g Disque où les cils sont un peu écartés et divergents.

(*h, i, j, k, l, m, n, o,* sont vus sur des tissus frais.)

h Disque relâché et allongé.

i Disque contracté.

j, k Disque très-contracté après l'action du chloroforme ou de l'éther.

l Disque d'une Moule très-fraîche et très-irritable. Contraction très-prononcée du début de l'observation et due au traumatisme.

m Disque commençant à se contracter. Bord supérieur arrondi, formé par des cils agglutinés. Bord inférieur à cils isolés, s'entrecroisant dans leurs mouvements et se courbant à peine.

o, n Deux disques pris sur le frais et dont les brosses commencent à se séparer.

Fig. 12. Figures schématiques des cils musculoïdes agglutinés.

Fig. 13. Figure schématique des cils pendant la contraction des disques.

PLANCHE XXVII *bis*.

Fig. 1. Œsophage et estomac ouverts par leur face supérieure.

1 Œsophage.

2 Bourrelet médian de l'estomac utriculaire.

3 Bourrelet latéral gauche de l'estomac utriculaire.

4 Orifice du cul-de-sac stomacal.

5 Bourrelet droit de l'estomac tubulaire.

6 Bourrelet gauche de l'estomac tubulaire.

7,7′ Gouttière supérieure et sillons transversaux.

8 Gouttière inférieure ou lisse.

9 Orifice pylorique.

10, 10 Foie.

Fig. 2. Portion grossie de l'estomac tubulaire.

5, 6, 7, 8 comme *fig.* 1.

Fig. 3. Portion d'une coupe transversale des parois de l'estomac.

1 Zone profonde de l'épithélium à longues cellules.

2 Noyaux du tissu conjonctif sous-épithélial.

3 Couche musculaire un peu exagérée par le dessin.

4 Tissu conjonctif adénoïde péri-intestinal, avec nombreux noyaux.

5, 5, 5' Traînées fusiformes de substances alimentaires non dissoutes, et globules graisseux.

Fig. 4. Épithélium à longues cellules vu sur une paroi fraîche de l'estomac.

1 Cellules vues de face.

2 Zone où les cellules sont couchées.

3 Cuticule marginale des cellules.

4 Cils vibratiles.

Fig. 5. Portion grossie de la gouttière supérieure de l'estomac tubulaire. Trois bourrelets transversaux avec leurs nombreux bourrelets obliques.

Fig. 6. Coupe de l'estomac tubulaire renfermant le stylet cristallin.

1 Stylet cristallin.

5, 6 Bourrelets longitudinaux épithéliaux droit et gauche.

7,7' Gouttière supérieure à bourrelets transversaux.

8 Gouttière inférieure lisse.

Fig. 7. Quatre cellules demi-longues de l'estomac avec leur cuticule brillante et leurs cils. Sur deux, le contenu de la cellule sort à travers la cuticule sous forme de deux sphères hyalines. Préparation faite sur le frais.

Fig. 8. Lambeau d'épithélium à longues cellules de l'estomac, détaché après macération dans l'eau distillée étendue d'un tiers d'alcool.

1 Agglomérations de substances non dissoutes et jaune verdâtre.

2 Cellules se détachant du lambeau.

3 Agglomérations plus nombreuses à mesure que l'on s'approche de la zone profonde de l'épithélium.

4 Gros noyaux de tissu conjonctif qui n'existent que par places.

5 Couche musculaire.

Fig. 9. Deux cellules épithéliales longues se terminant inférieurement par une extrémité bifurquée.

Fig. 10. Lambeau d'épithélium de la *fig.* 8 vu à un plus fort grossissement pour montrer la forme des cellules et la disposition des noyaux.

Fig. 11. Longues cellules épithéliales dissociées après macération dans l'alcool au tiers, et montrant la situation des granules insolubles entre les cellules.

Fig. 12. Probablement trois jeunes œufs.

Fig. 13. Couche de tissu conjonctif à gros noyaux sous-épithéliale de l'intestin, après traitement par la solution de nitrate d'argent aux 0,03.

Fig. 14. Portion de coupe de l'estomac tubulaire pour montrer le passage brusque de l'épithélium à grandes cellules 1 des bourrelets longitudinaux à l'épithélium à petites cellules 2 de la gouttière lisse et inférieure 3. Couche de tissu adénoïde péri-intestinal formant des saillies au niveau de l'épithélium à longues cellules.

Fig. 15. Coupe d'un cul-de-sac de l'estomac utriculaire.
        1 Épithélium.
        2 Tissu adénoïde.
        2 Couche musculaire.

Fig. 16. Coupe de l'intestin.
        1 Couche musculaire longitudinale.
        2 Couche musculaire circulaire.
        3 Épithélium formant inférieurement deux bourrelets à longues cellules.
        4 Tissu conjonctif adénoïde.

Fig. 17. Cellule hépatique.

PLANCHE XXVII *ter*.

Fig. 1. Coupe sur le bourrelet médian de l'estomac utriculaire.
        1 Coupe des tubes hépatiques.
        2 Couche musculaire.
        3,3 Coupe de deux artères à parois musculaires.
        4,4 Lacune du tissu conjonctif adénoïde dont les trabécules sont bourrés de noyaux qui deviennent plus rares au voisinage du foie.
        5 Tissu conjonctif sous-épithélial à noyaux.
        6 Éventail épithélial à longues cellules.

Fig. 2. Tissu adénoïde lacunaire péri-intestinal chez un animal à jeun.
        1,1,1 Lacunes sanguines.
        3,3,3 Trabécules de tissu conjonctif fibrillaire avec des noyaux assez rares.

Fig. 3. Paroi de la gouttière supérieure de l'estomac. Coupe faite parallèlement à l'axe.
        1 Épithélium formant les bourrelets obliques.
        2 Cuticule de l'épithélium.
        3 Cils vibratiles très-forts et très-longs.

16

4 Couche musculaire transversale.

5 Couche musculaire longitudinale. Ces deux dernières couches présentent des ondulations qui correspondent aux bourrelets transversaux.

Fig. 4. Lambeau de l'épithélium de la *fig.* 3 détaché après macération dans l'alcool au tiers.

1 Cellules avec leurs noyaux ovoïdes.

2 Cuticule.

3 Cils.

Fig. 5. Coupe faite très-obliquement à travers l'un des bourrelets longitudinaux de l'estomac tubulaire, et en allant vers les bourrelets transversaux.

1 Couche musculaire très-mince revêtant le tissu conjonctif adénoïde.

2 Cellules et cuticule.

3 Cils.

5 Couche musculaire épaisse.

6,7 Tissu conjonctif adénoïde formant des saillies et des monticules au niveau des points à long épithélium.

8 Point où commencent les bourrelets transversaux.

9 Saillies de longues cellules dépendant du bourrelet longitudinal.

Fig. 6. Moule couchée sur le dos, et dont le manteau n'a pas été représenté.

1 Piliers fusiformes de l'organe de Bojanus.

2, 2 Canal collecteur ou cavité centrale de l'organe de Bojanus ouvert en arrière par une incision sur sa paroi inférieure, et veine longitudinale (*partim*).

3, 3' Canal afférent de la branchie ouvert dans toute sa longueur.

4 Organes godronnés adhérents à la veine longitudinale postérieure dont la cavité est ouverte et mise en évidence par l'excision à ce niveau de la base de la branchie.

5, 5 Vaisseau efférent de la branchie.

5' Tronc commun des deux vaisseaux efférents d'un même côté.

5" Petite veine superficielle qui se jette dans le vaisseau efférent.

6, 6 Ligaments triangulaires ou suspenseurs de la branchie avec leur réseau lacunaire. Ils adhèrent à la face inférieure du muscle adducteur postérieur des valves.

7 Veine correspondant au trajet transversal du connectif des ganglions viscéraux, et conduisant le sang de la bosse de Polichinelle à

l'organe de Bojanus et à la veine longitudinale postérieure.

8 Tronc veineux de la bosse de Polichinelle.

9 Orifice de la cavité des flancs.

10, 10, 10 Muscles rétracteurs postérieurs du pied et du byssus.

11 Muscles rétracteurs antérieurs du pied.

12 Conduit génital.

Fig. 7. Piliers fusiformes de l'organe de Bojanus fortement grossis. Cette figure est renversée.

1 Réseau lacunaire veineux compris entre les lobules hépatiques.

2 Voies qui conduisent le sang du foie à l'extrémité inférieure des piliers fusiformes.

3 Piliers fusiformes.

4 Cavité centrale ou canal collecteur de l'organe de Bojanus.

PLANCHE XXVII.

Fig. 1. Endothélium de l'aorte.

Fig. 2. Petite artère de la base du palpe labial se résolvant en capillaires lacunaires.

1, 1 Artère.

2 Capillaires lacunaires.

3 Capillaire vasculaire.

Fig. 3. Petite artère hépatique se résolvant en capillaires.

1, 2 Artère.

3 Capillaire vasculaire.

4 Lacunes intertubulaires du foie.

5 Tubes et culs-de-sac du foie.

Fig. 4. Artère hépatique avec son endothélium.

1 Artère.

2 Une de ses branches.

3 Culs-de-sac du foie.

Fig. 5. Petite artère du foie avec son endothélium.

Fig. 6. Réseau musculaire des parois de l'aorte.

Fig. 7. Faisceaux musculaires du réseau des parois du ventricule recouverts d'endothélium.

1 Endothélium à noyaux.

2, 2 Endothélium sans noyaux.

Fig. 8 et 9. Cellules de l'exocarde.

Fig. 10. Réseau musculaire des parois du ventricule.

Fig. 11. Portion d'une coupe du pied perpendiculairement à son axe.

1, 1 Coupe de faisceaux musculaires.

2, 2 Tissu conjonctif fibrillaire.

3 Noyaux de ce tissu.

4 Épithélium vibratile pigmenté.

5, 5 Sinus veineux.

Fig. 12 et 12'. Coupes de faisceaux musculaires du pied montrant leurs rapports avec le tissu fibrillaire qui leur sert de tendons.

PLANCHE XXVII³.

Fig. 1. Portion de coupe transversale d'une Moule injectée portant sur la veine longitudinale postérieure, au niveau de la partie postérieure de l'orifice de la cavité des flancs.

1, 2 Veine longitudinale oblique, très-anfractueuse.

2 Grandes lacunes de la base de la branchie faisant partie du canal afférent et entourées de petites lacunes qui constituent l'autre portion de ce canal afférent.

3 Les deux filets branchiaux descendants d'une même paire.

4, 4, 4 Cavité anfractueuse de l'organe de Bojanus.

5 Coupe d'un organe godronné portant sur le milieu même des plis qui le constituent.

6 Grandes lacunes formant la veine dorsale de l'organe godronné.

7 Filet branchial efférent et coupe de la veine efférente.

8 Coupe du conduit génital.

9 Coupe du connectif nerveux qui relie les ganglions céphaliques aux ganglions viscéraux.

10, 10' Coupe des muscles postérieurs du pied et du byssus.

11 Cavité des flancs.

12 Manteau et son réseau lacunaire.

13, 13 Nerfs branchiaux.

Fig. 2. Portion de coupe transversale d'une Moule injectée portant au niveau de la veine afférente oblique sur le point 9 de la *fig.* 1, Pl. XXIV.

1 Veine longitudinale antérieure.
2 Grande lacune faisant partie du canal afférent de la branchie.
3 Deux filets branchiaux jumeaux.
4 Cavité anfractueuse de l'organe de Bojanus.
5 Organe godronné de petite dimension. Coupe portant près du bord
    des plis.
6 Coupe de la veine horizontale.
7 Pilier fusiforme.
8 Tissu conjonctif du corps et réseau lacunaire au niveau de la bosse
    de Polichinelle.
9 Coupe du rectum cardiaque montrant les deux bourrelets longitu-
    dinaux de la paroi inférieure.
10 Coupe du muscle rétracteur postérieur du pied au voisinage de son
    insertion sur la coquille.
11 Coupe du ventricule du cœur et de ses parois réticulées.
12 Coupe de l'oreillette.
13 Cavité du péricarde.
14 Origine de la veine afférente oblique du cœur.
15 Couloir péricardique partant du péricarde et enveloppant les deux
    tiers antérieurs des parois de la veine afférente oblique.
16 Coupe de la branche postérieure de la grande artère palléale.

FIG. 3. Portion de coupe transversale de Moule injectée portant la base du pied
au niveau du point 10 antérieur de la *fig.* 6, Pl. XXVII *ter*.

1 Veine longitudinale antérieure.
2 Grandes lacunes faisant partie du canal afférent de la branchie.
3 Filets branchiaux jumeaux.
4,4 Cavités de l'organe de Bojanus.
4' Cavité du canal collecteur de l'organe de Bojanus.
5 Organe godronné dont la coupe a porté sur le bord même des replis.
6 Veine horizontale du manteau.
7,7' Vaisseaux efférents de la branchie et terminaison des filets bran-
    chiaux.
8 Pilier fusiforme.
9 Coupe très-oblique du rétracteur postérieur du pied.
9' Capillaires lacunaires à forme allongée de ce muscle.
10 Grandes lacunes veineuses en relation avec les sinus intermuscu-
    laires et le système aquifère.
11 Lieu de convergence des muscles rétracteurs antérieurs du pied
    et des muscles du byssus.

12 Réseau lacunaire du manteau, dont la forme est très-fidèlement représentée.

13 Coupe de l'estomac tubulaire.

14 Coupe des tubes biliaires.

15 Grands sinus veineux qui sont la continuation directe du canal aquifère du pied, canal qui passe en arrière et ensuite au-dessus du point convergent des muscles du pied et du byssus, pour se porter en avant et se continuer avec les grands sinus intermusculaires.

16 Grand sinus intermusculaire placé au-dessous du rétracteur postérieur du pied.

17 Grandes lacunes veineuses du pied communiquant avec le canal aquifère.

(Cette figure montre que le sang provenant du foie, de l'intestin, du pied, du système aquifère, se dirige vers le réseau lacunaire de l'organe de Bojanus.)

Fig. 4. Coupe d'une partie très-ramifiée de l'organe de Bojanus pour montrer les rapports des cavités de cet organe avec le réseau lacunaire qui en occupe les replis.

Fig. 5. Coupe d'une portion de l'organe de Bojanus pour en montrer la structure et les relations avec les vacuoles lacunaires.

1 Cellules de l'organe de Bojanus.

2 Couche conjonctive fibrillaire de cet organe.

3 Cavité d'une grande lacune.

4 Petite lacune ordinaire du tissu conjonctif de l'animal.

5 Noyaux du tissu conjonctif.

6 Trabécules du tissu conjonctif se continuant directement avec la couche conjonctive de l'organe de Bojanus.

Fig. 5′. Portion plus grossie des parois de l'organe de Bojanus.

1,2 comme *fig.* 5.

Fig. 6. Origine et partie supérieure d'une paire de filets branchiaux plongés dans le réseau lacunaire du canal afférent de la branchie.

1 Épaississement du tissu élastique des parois du filet.

2 Bord intérieur du filet ne remontant pas aussi haut que l'extérieur et se perdant dans le tissu conjonctif voisin.

3 Masse épithéliale.

4 Orifice évasé du filet se confondant avec les lacunes voisines du

tissu conjonctif, lacunes qui enveloppent la base de la branchie et constituent le canal afférent.

5 Ligament suspenseur de la branchie et ses lacunes.

5′ Fente qui sépare les deux branchies.

F<small>IG</small>. 7. Coupe horizontale de filet branchial et de deux disques adjacents.

 1 Épaississement ou bourrelet du bord intérieur du filet.

 2 Épaississement du bord extérieur.

 3 Épithélium rectangulaire du bord extérieur.

 5 Cavité fusiforme du filet.

 6; 6′ Bases épithéliales d'un disque.

 7 Disque hyalin strié.

 8 Épithélium elliptique du bord intérieur du filet.

 9 Connectif interne.

 10 Connectif externe.

F<small>IG</small>. 8. Coupe de deux filets branchiaux déformés par le plissement, pour montrer la forme de l'enveloppe élastique, la minceur et la souplesse de la partie de cette enveloppe qui correspond aux faces du filet.

Table des Matières de la première Partie.

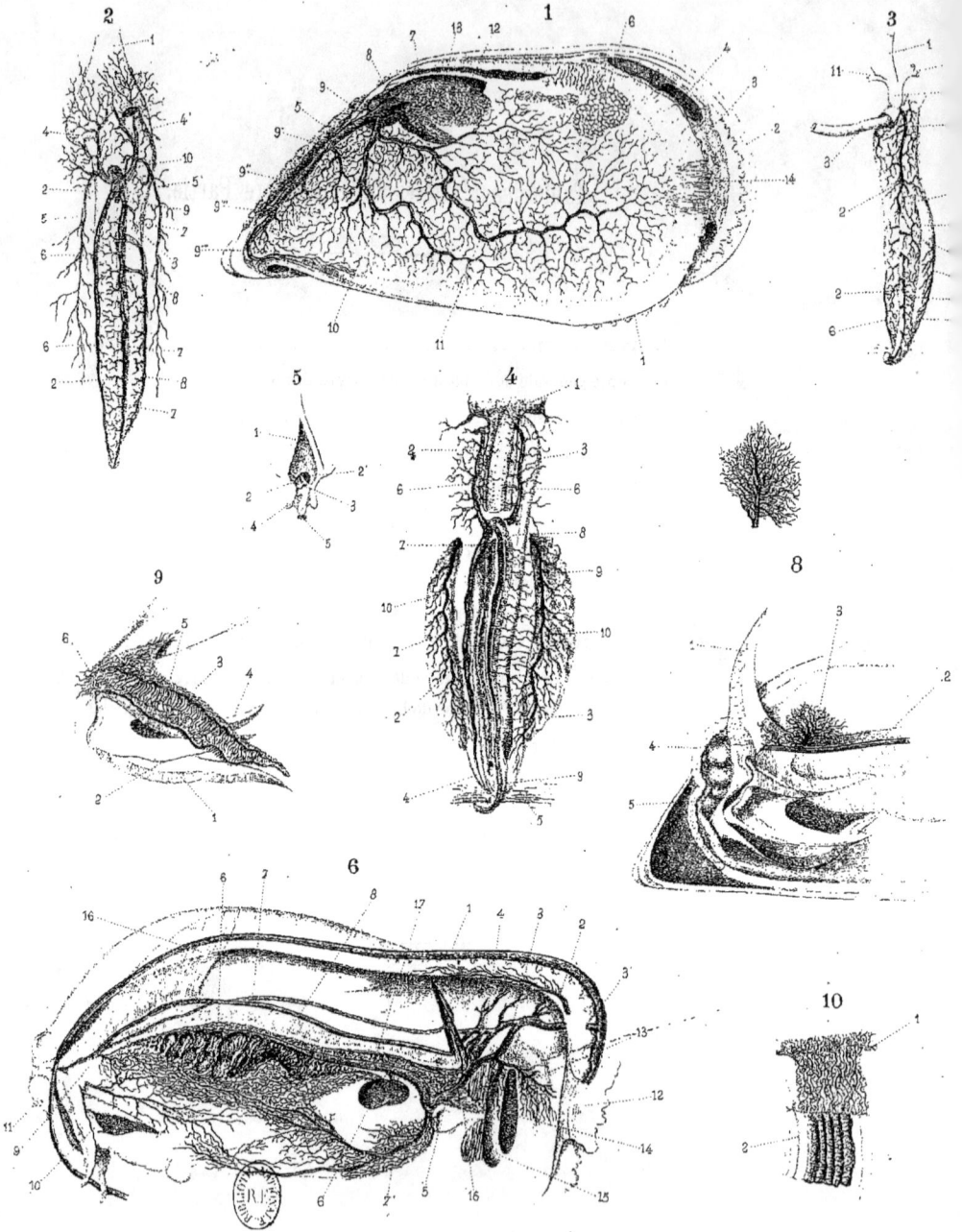

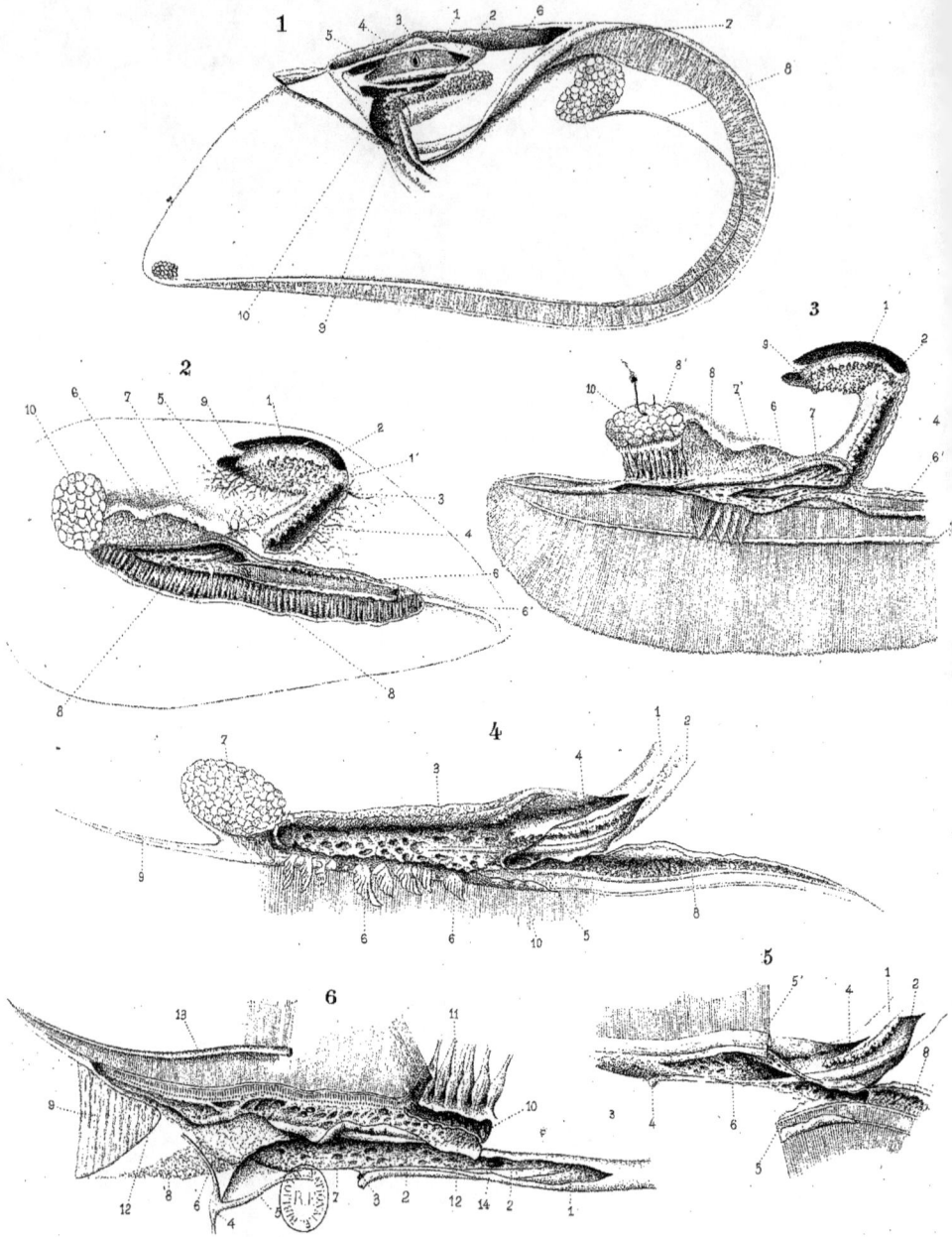

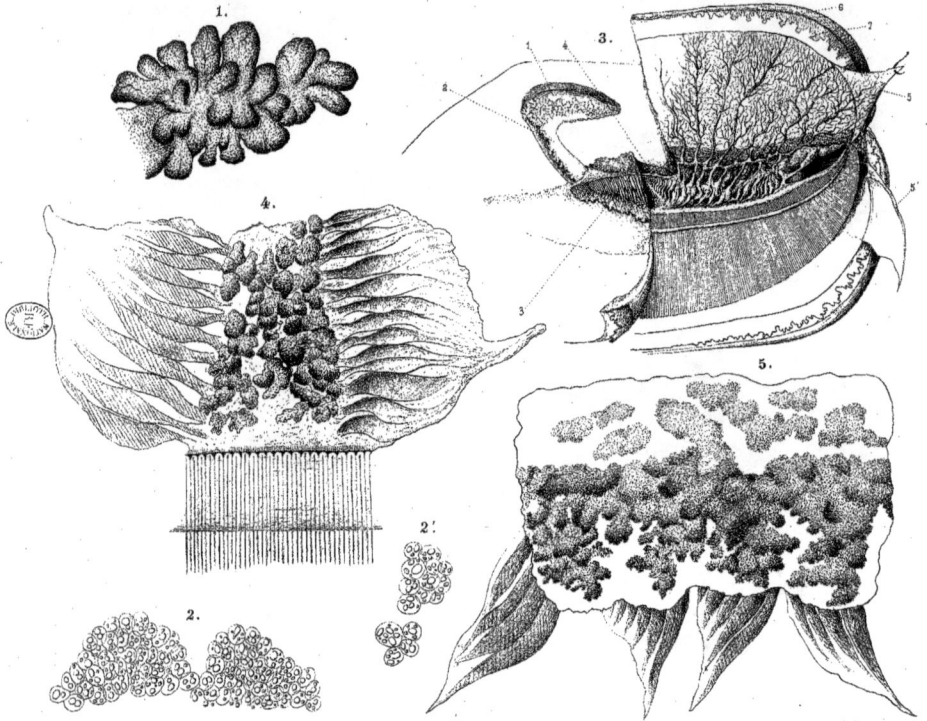

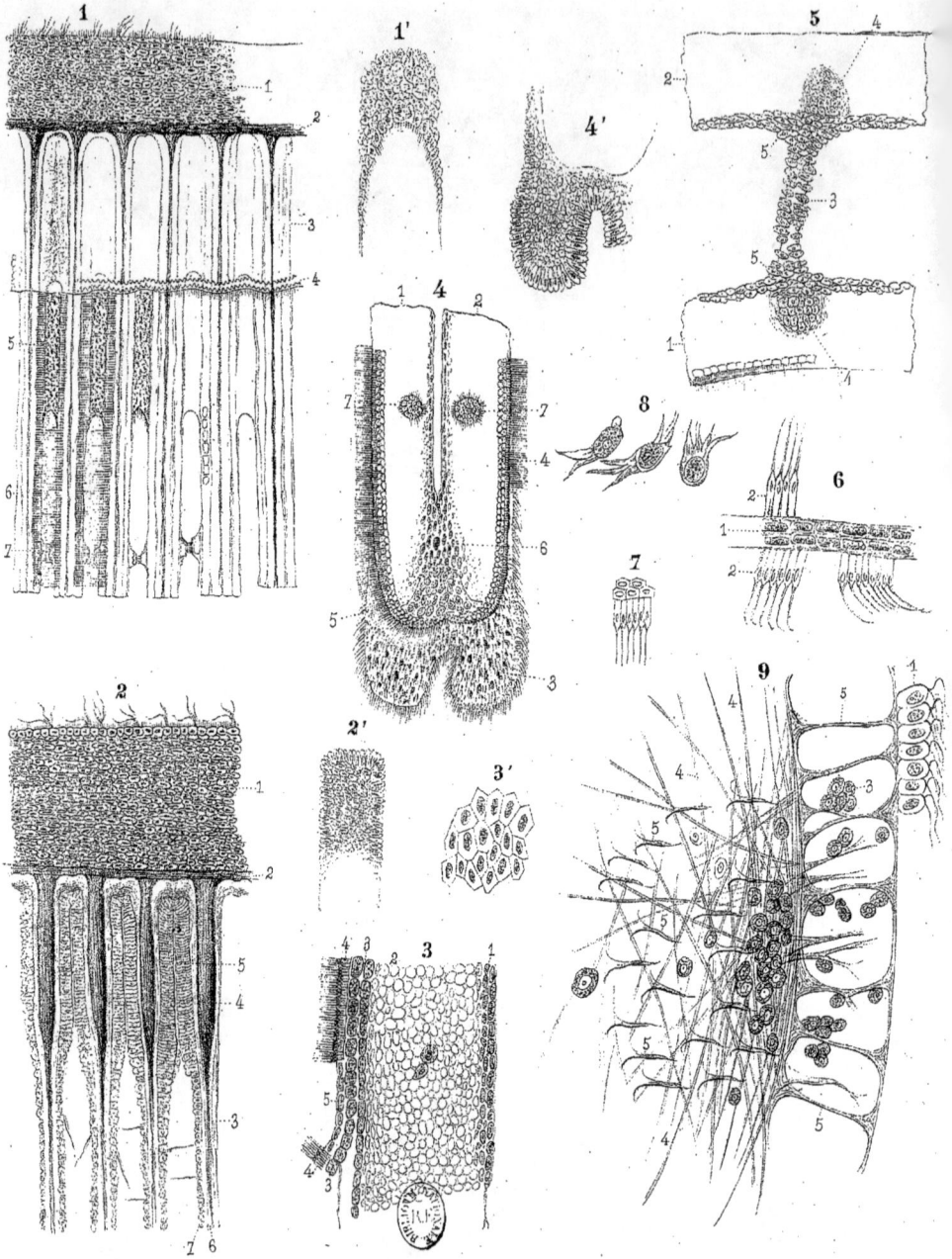

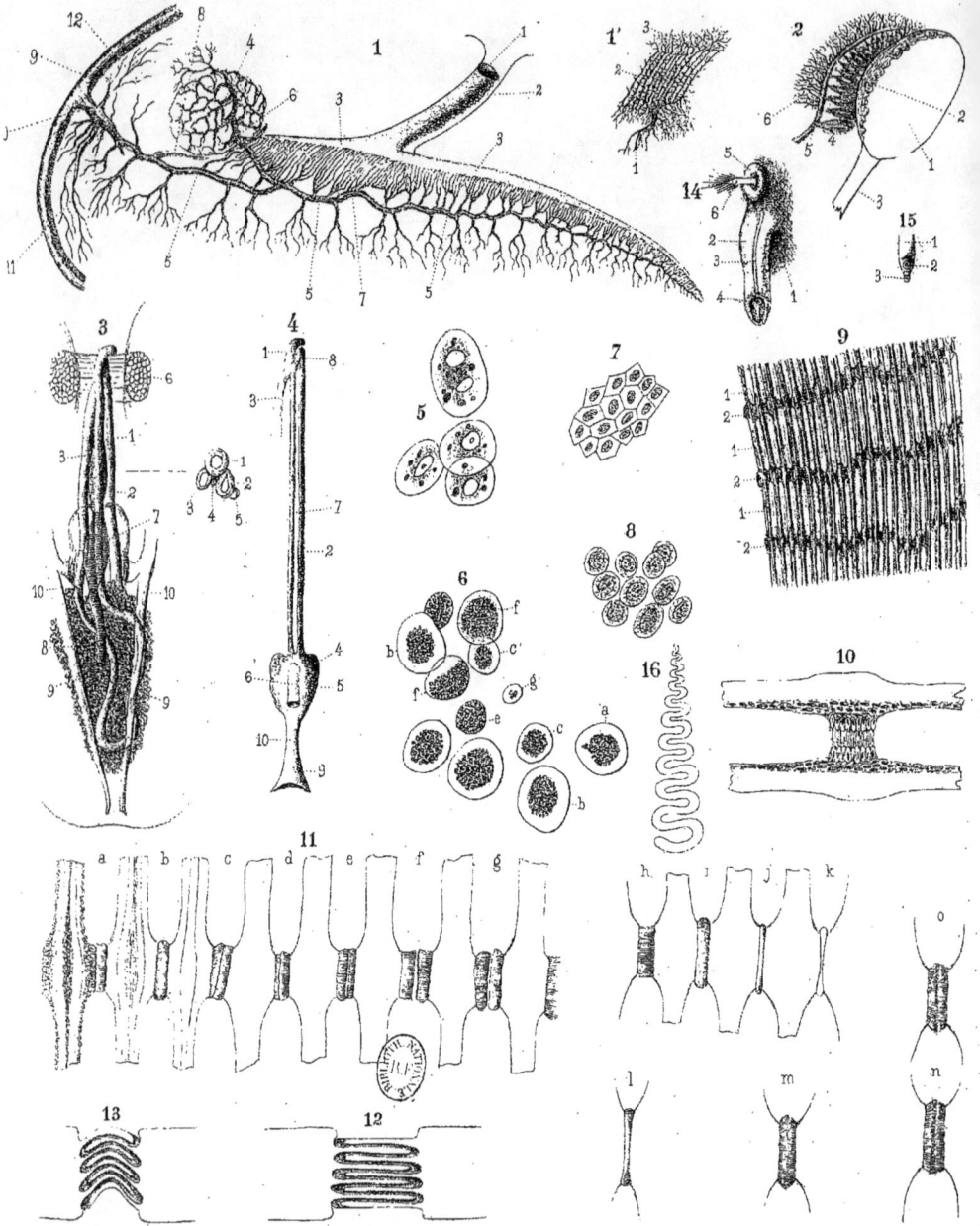

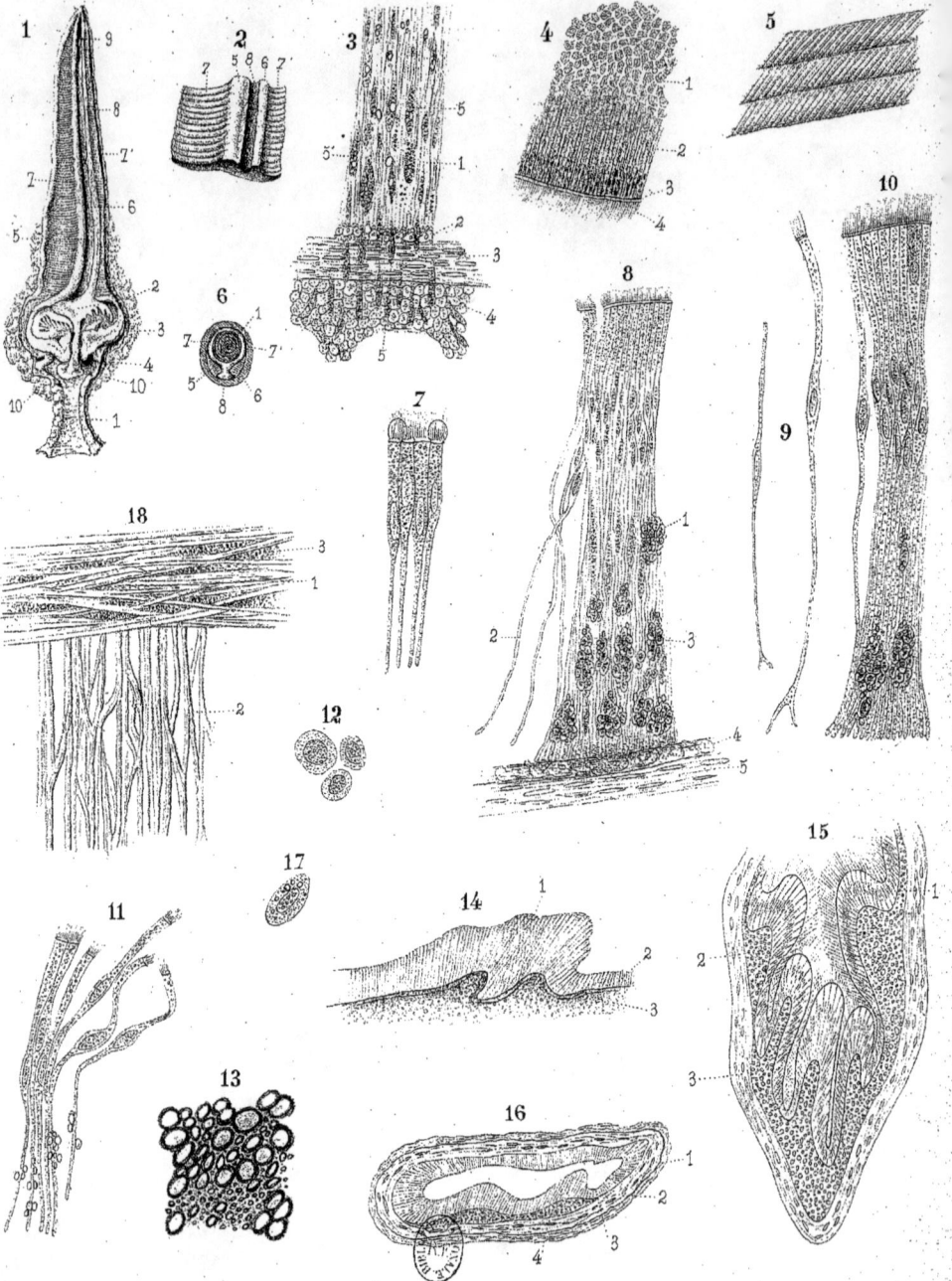

Mém. de l'Acad. de Montpellier. (Section des Sciences)

T.VIII.pl.XX

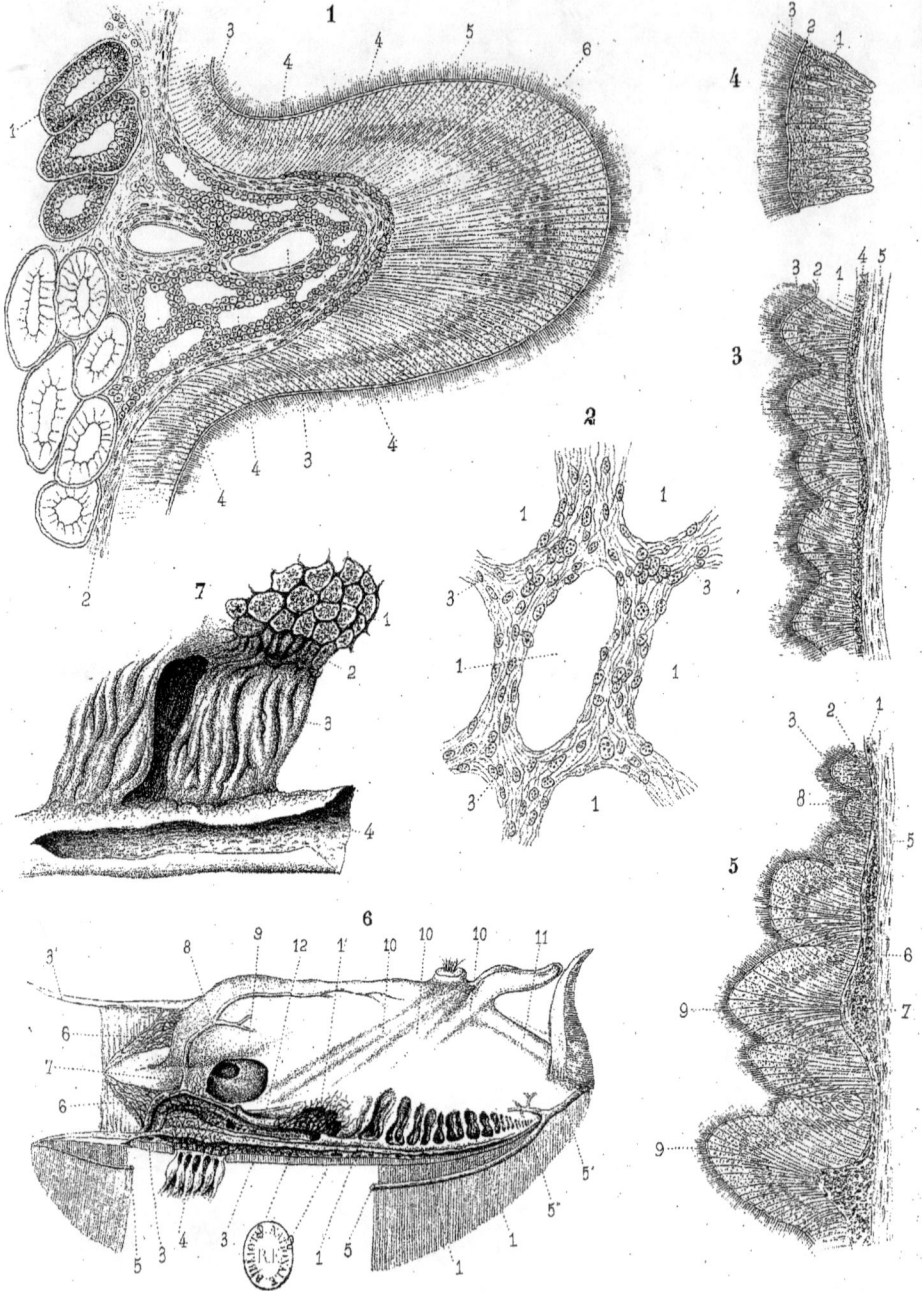

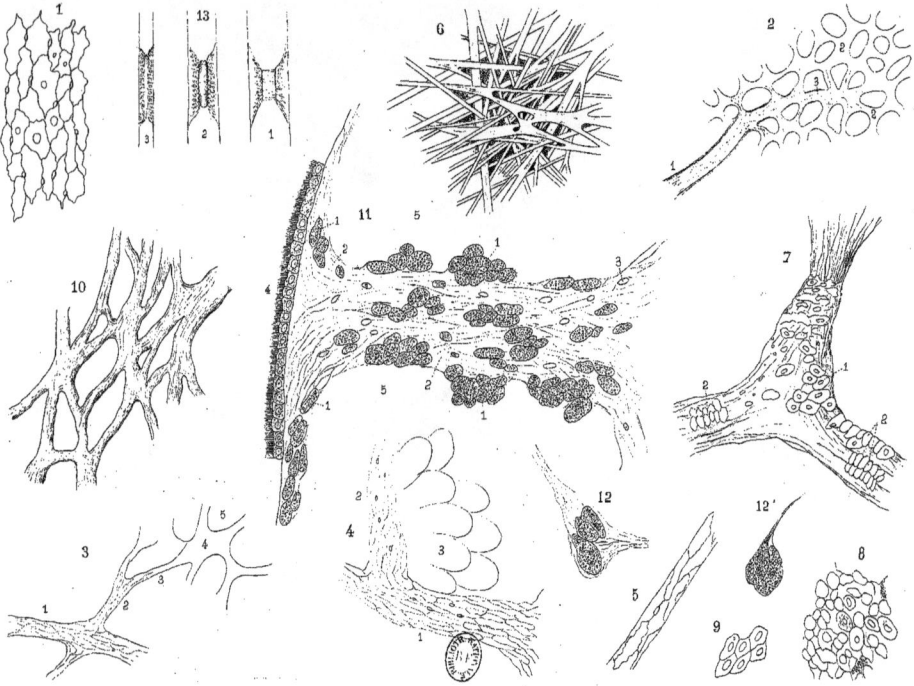

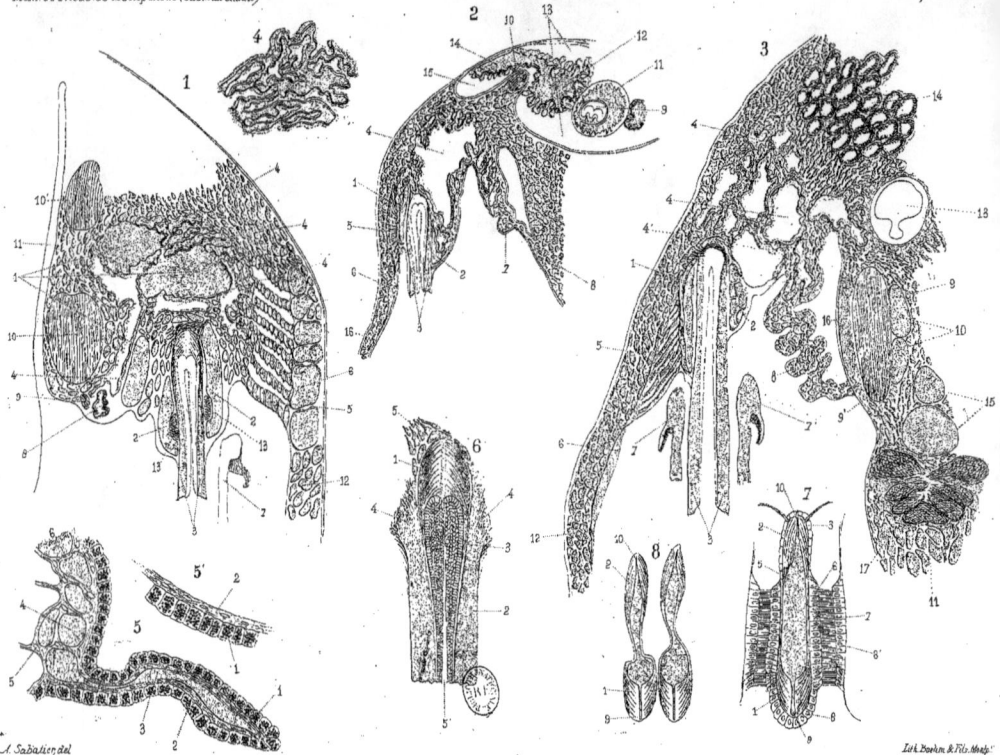

A. Sabatier, del.

Lith. Boehm & Fils, Montp.r

www.ingramcontent.com/pod-product-compliance
Lightning Source LLC
Chambersburg PA
CBHW060805110426
42739CB00032BA/3049